Sciences de la Vie et de la Terre

Term S

Bacs blancs

PATRICE BAUDEVIN
Professeur agrégé de SVT
au lycée La Bruyère (Versailles)

THOMAS BRISBOUT
Professeur agrégé de SVT
au lycée La Bruyère (Versailles)

ABC

Nathan

Édition NATHALIE BONNECHÈRE
Couverture TEAM CREATIF

BACS BLANCS
MODE D'EMPLOI

L'objectif de la collection **Bacs Blancs** est de vous préparer efficacement aux épreuves du bac, en vous mettant *véritablement* en situation d'examen.
En effet, la particularité de cet ouvrage est de proposer des bacs blancs qui sont, tant sur la forme que sur le fond, le reflet exact de ce qu'on vous distribuera le jour de l'examen.

Chaque bac blanc comporte, comme à l'examen, plusieurs exercices répartis dans deux parties I (connaissance) et II (exercices sur documents 1 et 2) portant sur des points du programme différents. Dans la partie II, le second exercice diffère selon que le candidat a suivi ou non l'enseignement de spécialité. Les documents correspondant aux exercices sont proposés en fin de sujet, comme au bac. Tous les sujets ont été créés dans le strict respect des consignes officielles (rappelées p. 7). Leur longueur et leur niveau de difficulté correspondent à ceux de l'examen, même s'il peut y avoir de légères variations de l'un à l'autre (comme au bac d'ailleurs).

Comment travailler avec cet ouvrage ?
Dès le mois de novembre (ou décembre, selon la progression de votre professeur), vous pouvez choisir un bac blanc abordant des chapitres déjà traités en classe (consultez pour cela le sommaire détaillé).
Installez-vous à votre table avec une montre en face de vous et munissez-vous de stylos et de feuilles de brouillon. Mettez-vous « mentalement » en situation, concentrez-vous dans le silence puis mettez-vous au travail, en vous efforçant de respecter la durée prévue pour l'épreuve (3 h 30).
Essayez de traiter toutes les questions, sans vous interrompre et sans en laisser de côté, en rédigeant directement au propre et en répondant sur le sujet.

Une fois votre travail terminé, vous pouvez consulter les corrigés. Ceux-ci sont rassemblés dans la deuxième partie de l'ouvrage. Conformes à ce qu'on est en droit d'attendre d'un élève au bac, ils correspondent à une « très bonne copie ».
Au fil de ces corrigés, les auteurs ont signalé par des remarques (sur fonds grisés), d'une part tout ce qui est particulièrement apprécié des correcteurs du bac et peut améliorer votre note (respect des consignes, utilisation des schémas, présentation des exposés, etc.) ; et, d'autre part, tout ce qui risquerait de déplaire et qui constitue autant de « pièges » à éviter pour ne pas perdre « bêtement » des points. Imprégnez-vous de ces commentaires, ils vous aideront à acquérir de bons réflexes.

Avec cet ouvrage, vous allez donc vous familiariser avec la forme des énoncés de bac, en même temps que vous vous habituerez à mobiliser vos compétences sur différents types d'exercices et à gérer votre temps. Vous arriverez de la sorte mieux préparé et plus serein à l'examen !

Bon courage, et bonne chance pour le jour J !

SOMMAIRE

Énoncés

Corrigés

Tout ce que vous devez savoir sur l'épreuve de SVT au baccalauréat S

Comment l'épreuve se présente-t-elle ?

Durée et coefficient

L'épreuve a une durée de **3 heures 30.**
Son coefficient est de **6,** ou de **8** pour les candidats ayant choisi cette discipline comme enseignement de spécialité.
Le sujet porte obligatoirement sur les Sciences de la Vie et sur les Sciences de la Terre.

Objectifs de l'épreuve et nature des sujets

Depuis la session 2005, l'épreuve de SVT est composée d'une épreuve écrite sur **16 points** et d'une épreuve de travaux pratiques sur **4 points**.
L'épreuve écrite se compose de deux parties, la seconde étant elle-même constituée de deux exercices.

Partie I (sur 8 points)
Restitution organisée des connaissances

Dans cette partie, on vous demande d'exposer, sans support documentaire fourni, des connaissances acquises au cours de l'année sur un point du programme. La question fait apparaître les limites du sujet. D'éventuels schémas sont explicitement demandés.
La réponse doit être organisée : introduction, développement structuré, conclusion et doit être un texte scientifiquement et grammaticalement correct. On pourra aussi, si nécessaire, proposer des schémas, des tableaux ou des graphiques.
L'évaluation prendra en compte les connaissances, la qualité du plan et celle des expressions écrites et graphiques.

Partie II, exercice 1 (sur 3 points)
Exploitation d'un document

Dans cette partie, il s'agit d'extraire d'un document des informations utiles à la résolution du problème scientifique posé. La réponse n'inclut pas de restitution de connaissances. Le document proposé ne permet pas forcément la résolution complète du problème scientifique. L'évaluation prend en compte la précision de l'analyse et la rigueur du raisonnement.

Partie II, exercice 2 (sur 5 points)
Exploitation de documents et utilisation des connaissances

Dans cette partie, on vous demande de résoudre un problème scientifique posé en exploitant 2 à 3 documents, mis en relation avec les connaissances.
L'évaluation prend en compte la précision de l'analyse, la rigueur du raisonnement, la pertinence des connaissances mobilisées et la qualité des conclusions auxquelles le candidat est parvenu.

Pour les candidats ayant choisi l'enseignement de spécialité en SVT, l'exercice II-2 porte nécessairement sur le programme de spécialité. Pour les candidats n'ayant pas choisi cet enseignement, les exercices 1 et 2 de la partie II peuvent porter sur la même partie du programme.

Comment votre copie sera-t-elle corrigée ?

Quelques conseils généraux

Les conseils qui suivent partent tous d'un principe simple : un correcteur heureux de vous lire est un correcteur généreux quand il s'agit de vous noter !

La correction des épreuves écrites de baccalauréat est un travail long et ingrat. En conséquence, votre correcteur vous sera reconnaissant des efforts que vous ferez pour rendre votre copie facile voire agréable à corriger. Soignez donc votre écriture, vos schémas. Faites en sorte que les différents exercices soient clairement séparés, soulignez les titres, aérez votre texte.

Pour vous donner les moyens d'atteindre ces objectifs, suivez les quelques conseils suivants :

Écrivez au stylo plume, avec une encre bleue effaçable et ayez un effaceur/correcteur.

Évitez d'écrire au stylo à bille et de raturer.

Ayez le matériel nécessaire pour faire de beaux et <u>grands</u> schémas (prévoyez leur réalisation sur au moins une demi-page) : porte-mine (mine 0.5, HB de préférence), gomme, règle, compas, quelques crayons de couleur.

Pour les schémas n'utilisez pas de stylo à bille de couleur, de feutre ou de surligneur. N'hésitez pas, en cours d'épreuve, à demander aux surveillants des feuilles de copie ou de brouillon.

Sachez par ailleurs que les correcteurs appliquent un barème qui leur est imposé et qui se présente sous forme de tableau, précisant le nombre de points à donner pour telle ou telle notion, définition, ou schéma. Cependant, un correcteur face à une copie claire, bien présentée et témoignant d'une certaine maîtrise sera inconsciemment plus « généreux » que face à une copie contenant les mêmes notions mais présentées de façon plus confuse (forme et fond).
Essayez donc d'être concis tout en étant précis ; adoptez un style d'écriture percutant, sans fioriture, qui amène rapidement et clairement le correcteur à la notion qu'il recherche pour mettre ses points. Même si le hors sujet n'est pas directement pénalisé, il fait mauvaise impression au correcteur et signifie pour vous une perte de temps. Si une démarche particulière (étude de documents dans un certain ordre), un plan, un schéma (schéma-bilan par exemple) sont demandés dans le libellé de la question, soyez convaincus que certains points du barème correspondront à ces consignes ; tâchez de les respecter au maximum.
Dans tous les cas, ne laissez jamais tomber une partie, même si vous pensez ne rien savoir. Il est toujours plus facile de gagner quelques points dans une partie que d'avoir la totalité des points affectés à une partie.

Conseils pour la partie I

Pour cette partie, on attend de vous que la réponse proposée soit :

1) **pertinente**, c'est-à-dire sans hors sujet ;
2) **complète**, c'est-à-dire qu'elle envisage les différents aspects qui sont demandés ou suggérés dans la question, mais sans développer les détails inutiles ;
3) **exacte** : mieux vaut une omission qu'une affirmation inexacte qui vous retire des points ;
4) **construite**, c'est-à-dire suivant un plan clair et rigoureux ; une idée = un paragraphe ; pensez à présenter les faits d'observation avant les conclusions ;
5) **rigoureuse** sur le plan scientifique : utilisez les mots scientifiques avec précision.

Les erreurs à éviter

- Proposer une partie de cours qui ne correspond pas exactement à la question posée, être hors sujet.
- Ne pas hiérarchiser et organiser les connaissances selon un plan apparent.
- Négliger l'illustration.

Conseils pour la partie II, exercice 1

Le correcteur regarde l'exactitude et la pertinence de votre réponse. Mais surtout, il regarde si chaque donnée tirée des documents est immédiatement accompagnée de son interprétation biologique ou géologique.

Les erreurs à éviter

- Lecture incorrecte de la question accompagnant le document.
- Récitation du cours sans se référer au document pour argumenter.
- Paraphraser le document sans l'interpréter par des mécanismes biologiques.
- Pour les exercices de génétique, oublier les phénomènes biologiques fondamentaux dans les explications (méiose et gamétogénèse, fécondation, événements chromosomiques).

Conseils pour la partie II, exercice 2

Le correcteur attend de vous une analyse des documents (pensez à prendre en compte aussi les références des documents) au service du problème biologique posé, ainsi que leur mise en relation.

Vous devez également proposer, si nécessaire, un schéma de synthèse grand, avec des couleurs, construit à partir des données de l'énoncé, et qui ne soit pas un schéma de cours.

Les erreurs à éviter

Négliger :

- l'introduction, qui situe le problème biologique à résoudre ;
- la conclusion ou le schéma-bilan, qui résoud le problème.

Comment gérer votre temps ?

L'épreuve écrite de SVT dure 3 heures 30 et vous avez trois exercices à faire.
Le baccalauréat ne sélectionnant pas les candidats sur leur rapidité, vous devriez avoir le temps de répondre posément aux trois questions. Attention cependant, car on constate souvent au cours des épreuves des candidats qui se sont arrêtés d'écrire pour réfléchir mais dont l'attitude, le regard vague, montrent que leur esprit est, à leur insu, parti vagabonder très loin de la salle d'examen, et ce, pendant de longues minutes.
D'autre part, s'il est vrai que vous devez réfléchir avant d'écrire, évitez cependant de relire indéfiniment les dix dernières phrases que vous venez de rédiger.
Pendant l'épreuve, vous disposez de feuilles de brouillon. Utilisez-les pour rédiger l'introduction de la question 1, notez-y vos plans, les idées importantes, les termes clefs qui vous viennent à l'esprit. Pour certains schémas, il peut être utile de réaliser une rapide ébauche au brouillon pour résoudre certains problèmes de mise en page (placement des légendes en particulier).
N'essayez surtout pas de tout écrire au brouillon avant de passer au propre ; cela serait trop long.
Enfin, le pragmatisme impose que vous passiez sur chaque exercice un temps à peu près proportionnel au nombre de points correspondants : soit environ 1 heure 30 pour la première partie, 30 minutes pour le premier exercice de la deuxième partie et 1 heure pour le second. Restent 30 minutes à repartir entre le temps de lecture de l'intégralité du sujet au début de l'épreuve (environ 10 minutes) et la relecture finale.
En effet, à la fin de l'épreuve, relisez votre copie, corrigez les fautes que vous trouvez, soulignez certains mots clefs, vérifiez la numérotation de vos feuillets.

Programme officiel de SVT

(B.O. hors série n° 5 du 30 août 2001)

Enseignement obligatoire

Parenté entre êtres vivants actuels et fossiles - Phylogenèse - Évolution

La recherche de parentés chez les Vertébrés - L'établissement des phylogenèses.
La lignée humaine - La place de l'Homme dans le règne animal.
Les critères d'appartenance à la lignée humaine.
Le caractère buissonnant de la lignée humaine.
L'origine des hommes modernes, *Homo Sapiens*.

Stabilité et variabilité des génomes et évolution

L'apport de l'étude des génomes : les innovations génétiques.
Méiose et fécondation participent à la stabilité de l'espèce.
Méiose et fécondation sont à l'origine du brassage génétique.
Étude de quelques exemples de relations entre mécanismes de l'évolution et génétique.

La mesure du temps dans l'histoire de la Terre et de la Vie

Datation relative.
Datation absolue.

La convergence lithosphérique et ses effets

Convergence et subduction.
La convergence se traduit par la disparition de lithosphère océanique dans le manteau, ou subduction.
Les zones de subduction sont le siège d'une importante activité magmatique caractéristique : volcanisme, mise en place de granitoïdes.
Convergence et collision continentale.

Procréation

Du sexe génétique au sexe phénotypique.
Régulation physiologique de l'axe gonadotrope : intervention de trois niveaux de contrôle.
Aspect comportemental.
Maîtrise de la procréation.

Immunologie

Une maladie qui touche le système immunitaire : le SIDA.
Les processus immunitaires mis en jeu - Généralisation.
Les vaccins et la mémoire immunitaire.

Couplage des événements biologiques et géologiques au cours du temps

La limite Crétacé-Tertiaire : un événement géologique et biologique majeur.
Les crises biologiques, repères dans l'histoire du temps.

Enseignement de spécialité

Thème 1 : Du passé géologique à l'évolution future de la planète

1. Les climats passés de la planète

Les changements du climat des 700 000 dernières années.
Les changements climatiques aux plus grandes échelles de temps.
Bilan : envisager les climats futurs.

2. Les variations du niveau de la mer

Mise en évidence des variations du niveau de la mer au cours des temps géologiques.
Les causes des variations mondiales du niveau de la mer.

Thème 2 : Des débuts de la génétique aux enjeux actuels des biotechnologies

Les débuts de la génétique : les travaux de Mendel (1870).
La théorie chromosomique de l'hérédité.
L'avènement de la biologie moléculaire : une nouvelle rupture.
La révolution technologique du début des années 1970.
Les enjeux actuels des biotechnologies :

- la transgénèse et la construction d'organismes génétiquement modifiés (OGM) ;
- les biotechnologies et la génétique humaine.

Thème 3 : Diversité et complémentarité des métabolismes

Du carbone minéral aux composants du vivant : la photo-autotrophie pour le carbone.
L'ATP, molécule indispensable à la vie cellulaire.
Dégradation des composés organiques et régénération des intermédiaires métaboliques.
Bilan structural et fonctionnel d'une cellule vivante.

BACCALAURÉAT GÉNÉRAL

SCIENCES DE LA VIE ET DE LA TERRE

Série S

Obligatoire	***durée : 3 heures 30***	***coefficient : 6***
Spécialité	***durée : 3 heures 30***	***coefficient : 8***

L'usage d'une calculatrice n'est pas autorisé

Dès que ce sujet vous est remis, assurez-vous qu'il est complet.
Ce sujet comporte 7 pages numérotées de 1/7 à 7/7.

PARTIE I (8 points)

PROGRAMME : stabilité et variabilité des génomes et évolution

Les parts respectives du génome et de l'environnement dans l'évolution des populations au sein des espèces.

Après avoir exposé la nature des innovations génétiques, expliquez, à l'aide d'un exemple précis, comment un milieu variable dans le temps et dans l'espace intervient dans la conservation de ces innovations au sein des populations.

Les mécanismes précis à l'origine de ces innovations, la transposition et les remaniements chromosomiques ne sont pas attendus.

PARTIE II - Exercice 1 (3 points)

PROGRAMME : la mesure du temps dans l'histoire de la Terre et de la Vie

Des échantillons de trois granites A, B et C ont été prélevés afin de déterminer leurs âges. Pour chaque échantillon, on a calculé les rapports $^{87}Sr/^{86}Sr$ et $^{87}Rb/^{86}Sr$ de quatre de leurs minéraux.

À partir de données extraites du document, retrouvez dans quel ordre ont cristallisé ces trois granites.

PARTIE II - Exercice 2 (5 points)
Enseignement obligatoire

PROGRAMME : procréation

Un exemple d'inversion sexuelle naturelle : l'effet Free Martin.

En mettant en relation les informations des documents que vous analyserez dans l'ordre proposé, et à l'aide de vos connaissances, précisez l'origine de l'effet « freemartin ».

PARTIE II - Exercice 2 (5 points)
Enseignement de spécialité

PROGRAMME : du passé géologique à l'évolution future de la planète

En étudiant les documents dans l'ordre proposé, montrez que les informations qu'ils apportent convergent et attestent que les *événements de Heinrich* correspondent à des variations climatiques brutales mais dans lesquelles la température n'est pas le seul paramètre impliqué.

PARTIE II - Exercice 1 (3 points)

PROGRAMME : la mesure du temps dans l'histoire de la Terre et de la vie

DOCUMENT

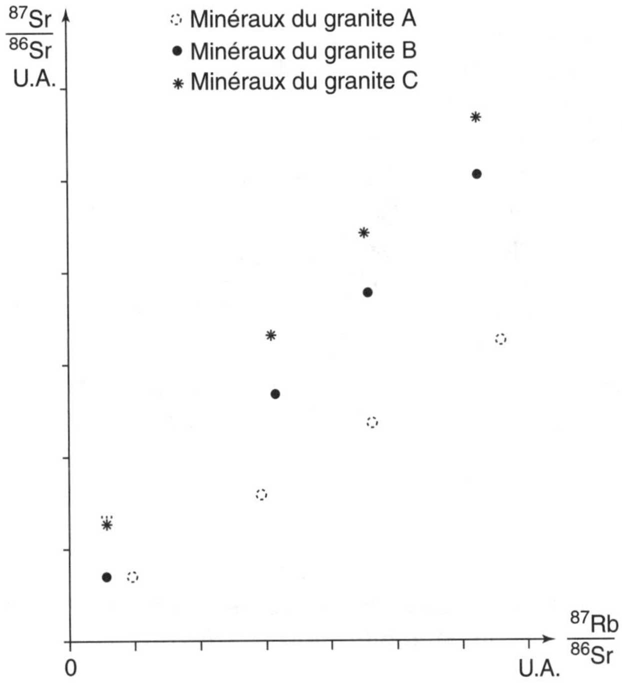

Rapports $^{87}Sr/^{86}Sr$ et $^{87}Rb/^{86}Sr$ de minéraux des granites A, B et C.

La courbe reliant les points correspondant aux minéraux d'un granite est d'équation :

$$^{87}Sr/^{86}Sr = {}^{87}Rb/^{86}Sr \cdot \lambda t + {}^{87}Sr_0/^{86}Sr$$

avec
- λ = constante de désintégration
- t = temps
- $^{87}Sr_0/^{86}Sr$ = rapport initial

Partie II - Exercice 2 (5 points)
Enseignement obligatoire

PROGRAMME : procréation

DOCUMENT 1
Le phénotype sexuel Free Martin

Chez les bovins, dans certains cas de gestation gémellaire, il se produit une fusion des placentas et des vaisseaux embryonnaires des deux fœtus. Lorsqu'il s'agit d'un mâle et d'une femelle, celle-ci, appelée Free Martin, possédera des organes génitaux internes plus ou moins masculinisés (présence de cordons séminifères, épididyme, vésicules séminales, prostate).

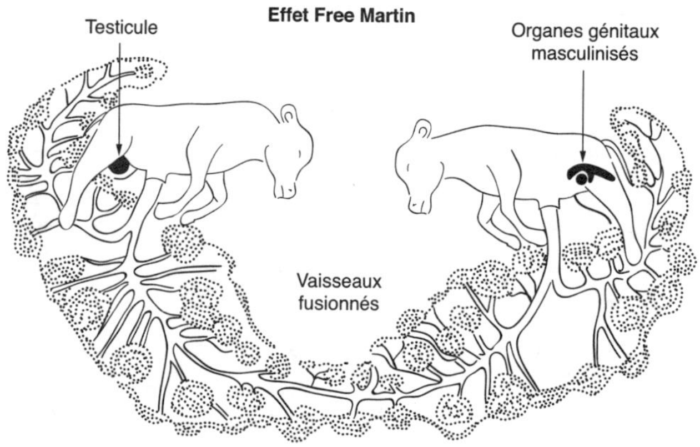

DOCUMENT 2
Coupes transversales de fœtus de veaux de 60 jours : mâle, femelle et Free Martin

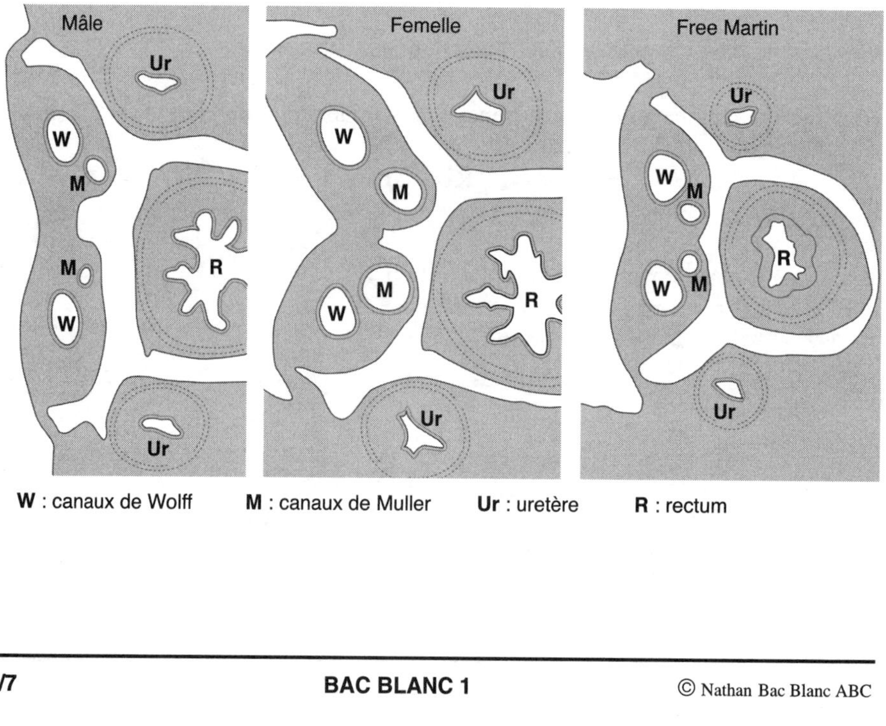

W : canaux de Wolff **M** : canaux de Muller **Ur** : uretère **R** : rectum

DOCUMENT 3
Influence de l'AMH sur la sécrétion des hormones stéroïdes par les gonades

Chez des fœtus de bovins, on évalue la capacité des gonades à produire des hormones sexuelles en présence ou non d'AMH. La chaîne de biosynthèse des hormones sexuelles (hormones stéroïdes) à partir du cholestérol fait intervenir une enzyme, l'aromatase qui, dans l'ovaire, convertit la testostérone en œstradiol.

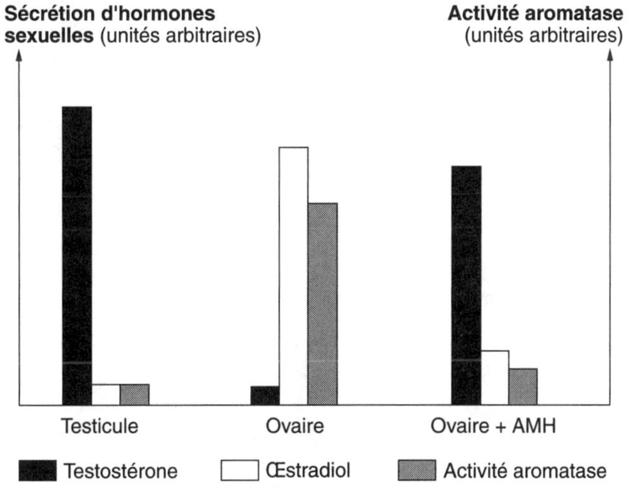

Partie II - Exercice 2 (5 points)
Enseignement de spécialité

PROGRAMME : du passé géologique à l'évolution future de la planète

DOCUMENT 1
Caractéristiques sédimentaires des événements d'Heinrich

Des carottages réalisés au large du Portugal montrent que les sédiments de l'Atlantique nord sont principalement constitués de restes carbonatés de microorganismes planctoniques. Cependant, sur les parties des carottes correspondant aux 65 000 dernières années, on a identifié six niveaux très particuliers, de quelques centimètres d'épaisseur, contenant des sédiments d'origine détritique. Une analyse chimique de ces débris de roches prouvent qu'ils sont typiques du socle du nord du Canada. En 1988, le sédimentologue H. Heinrich comprit l'origine de ces couches détritiques : en rabotant le socle rocheux canadien une énorme calotte de glace avait produit ces sédiments, transportés ensuite à longue distance par les icebergs dans l'océan Atlantique. Ces phénomènes de débâcle d'icebergs ont été nommés événements d'Heinrich (voir illustration ci-dessous).

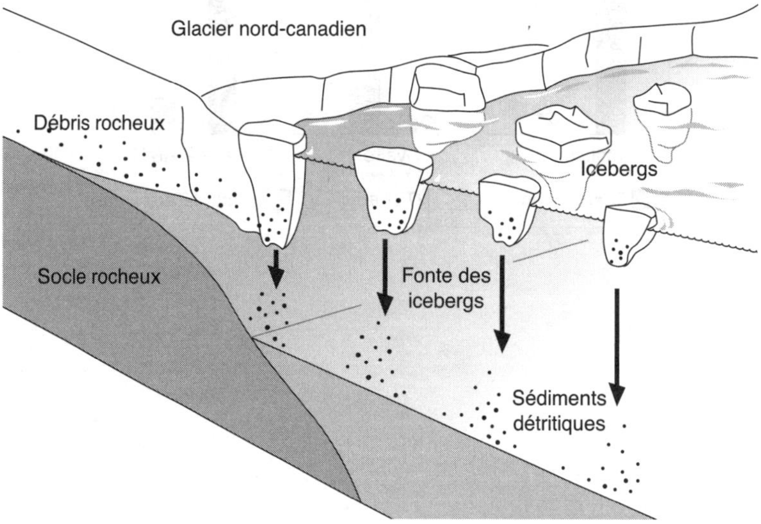

Illustration d'un événement d'Heinrich

DOCUMENT 2
Données isotopiques

Document 2a
Données isotopiques (le thermomètre isotopique de la neige)

L'oxygène des molécules d'eau peut se trouver sous deux formes isotopiques : le ^{16}O et le ^{18}O. Au cours du cycle de l'eau (évaporation, précipitation, fonte de la glace...) il se produit une séparation des molécules d'eau sous deux formes $H_2^{18}O$ et $H_2^{16}O$ appelée fractionnement isotopique. Dans la neige des glaciers, la proportion d'$H_2^{18}O$, appelée $\delta\,^{18}O$, dépend de la température de l'air au moment de la chute de neige.

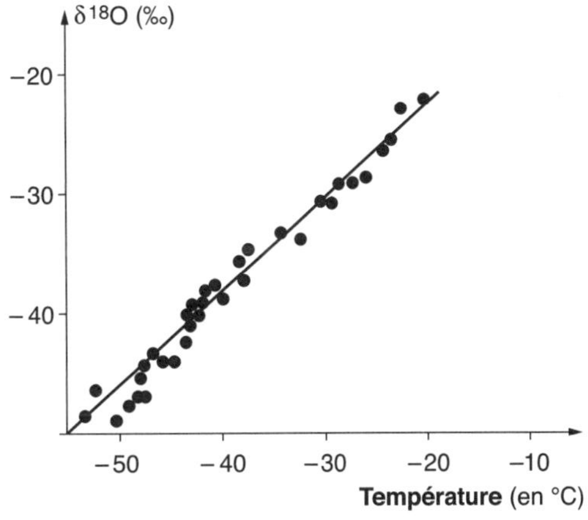

Relation entre température de la neige et $\delta\,^{18}O$

Document 2b
Données isotopiques ($\delta^{18}O$ mesurés dans une carotte de glace de la calotte du Groenland)

Un carottage dans la calotte glaciaire du Groenland a permis d'atteindre des couches de glace âgées de plus de 100 000 ans et d'en mesurer le $\delta\,^{18}O$.
Les résultats de ces mesures sont consignés sur le graphique ci-dessous. Les âges des six événements de Heinrich y sont repérés (H1, H2,...H6).

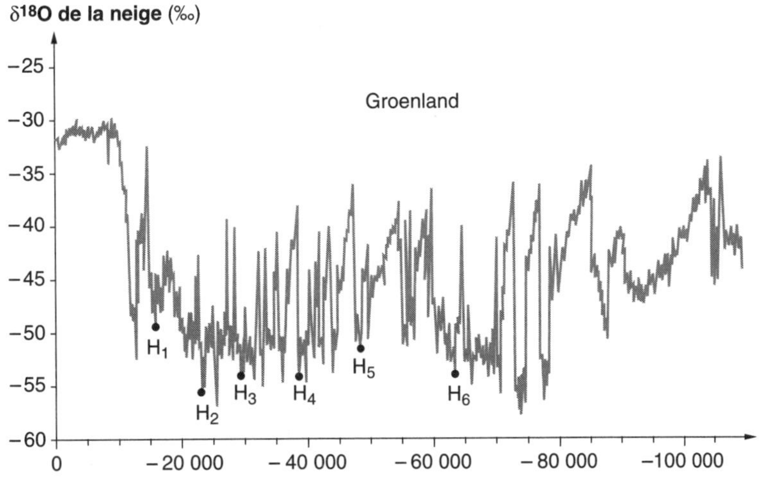

BACCALAURÉAT GÉNÉRAL

SCIENCES DE LA VIE ET DE LA TERRE

Série S

Obligatoire	***durée : 3 heures 30***	***coefficient : 6***
Spécialité	***durée : 3 heures 30***	***coefficient : 8***

L'usage d'une calculatrice n'est pas autorisé

Dès que ce sujet vous est remis, assurez-vous qu'il est complet.
Ce sujet comporte 7 pages numérotées de 1/7 à 7/7.

PARTIE I (8 points)

PROGRAMME : parenté entre êtres vivants actuels et fossiles - phylogenèse - évolution

L'Homme est un Homininé dont les caractères sont apparus successivement au cours de l'histoire de la vie. Certains caractères dérivés, en particulier ceux liés à la bipédie, le distinguent du Chimpanzé avec lequel il partage un ancêtre commun âgé d'environ 8 millions d'années.

Après avoir décrit les critères anatomiques d'appartenance à la lignée humaine, vous expliquerez pourquoi celle-ci est qualifiée de « buissonnante ».

PARTIE II - Exercice 1 (3 points)

PROGRAMME : la mesure du temps dans l'histoire de la Terre et de la Vie

À partir des informations apportées par le document, établissez la chronologie relative des objets géologiques mentionnés dans la légende de la carte.

PARTIE II - Exercice 2 (5 points)
Enseignement obligatoire

PROGRAMME : procréation

On peut interrompre une grossesse débutante (moins de 3 semaines de retard de règles) par l'administration de RU486 (mifépristone). En effet, ce traitement chimique provoque l'apparition de règles et l'expulsion de l'embryon implanté dans l'endomètre.

À partir de l'exploitation des documents 1 à 3, et de vos connaissances, déterminez quel est le mécanisme d'action de RU486 sur l'utérus.

PARTIE II - Exercice 2 (5 points)
Enseignement de spécialité

PROGRAMME : diversité et complémentarité des métabolismes

Les levures sont des champignons unicellulaires très souvent utilisés en agroalimentaire. Elles sont capables de vivre en présence ou en l'absence de dioxygène.

À partir des informations apportées par les documents 1 à 3, et de vos connaissances, montrez que les levures sont capables d'adapter leur métabolisme aux conditions d'oxygénation de leur milieu selon deux voies métaboliques complémentaires.

PARTIE II - Exercice 1 (3 points)

PROGRAMME : la mesure du temps dans l'histoire de la Terre et de la Vie

DOCUMENT
Extrait simplifié de la carte géologique au 1/50 000 de Bédarieux (Montagne Noire)

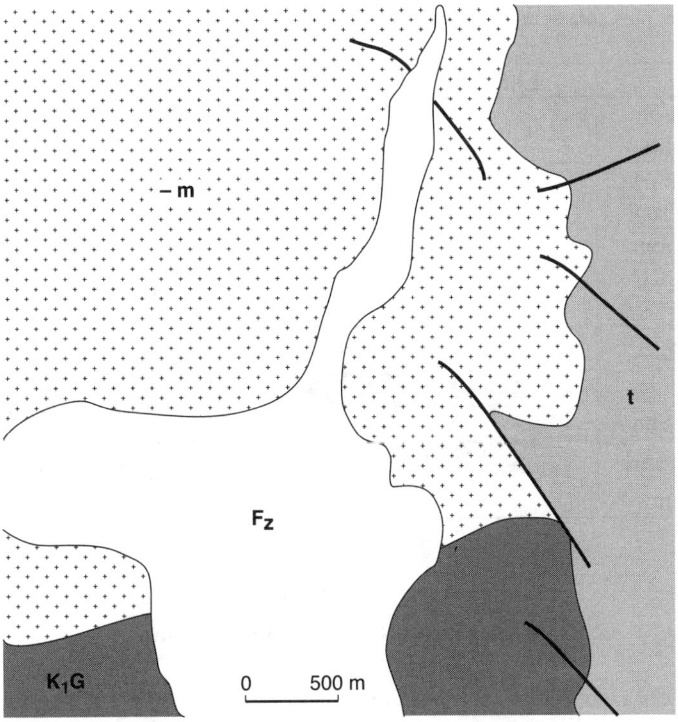

- m : Pluton granitique du Mendic
- Fz : Sédiments récents (alluvions)
- t : Sédiments du Trias
- Sédiments anciens métamorphisés formant une auréole autour du granite de Mendic
- — Failles d'âge identique

PARTIE II - Exercice 2 (5 points)
Enseignement obligatoire

PROGRAMME : procréation

DOCUMENT 1
Effet du RU486 sur des lapines impubères

Trois lots de lapines reçoivent une injection d'œstradiol afin de préparer leur utérus à l'action de la progestérone, puis sont soumis au protocole décrit dans le tableau suivant :

	Lot 1	Lot 2	Lot 3	
Injection d'œstradiol	Oui	Oui	Oui	
Injection de progestérone	Non	Oui	Oui	
Absorption orale de RU 486	Non	Non	Oui 1 mg.kg^{-1}	Oui 20 mg.kg^{-1}
<u>Résultats</u> : Coupe transversale d'utérus après traitement		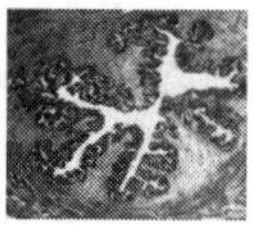	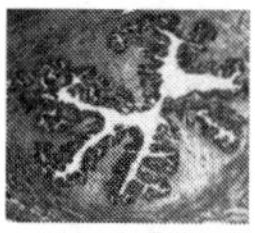	

DOCUMENT 2
Expérience d'autoradiographie

On injecte à des rates différentes molécules marquées au tritium (^{3}H), élément radioactif. Quinze minutes après l'injection, on réalise des coupes fines d'endomètre que l'on met en contact avec une émulsion photographique. Les coupes sont placées à l'obscurité pendant 6 mois.

On compte alors les grains d'argent noircis par les émissions radioactives. Le résultat est présenté sur le graphique ci-dessous.

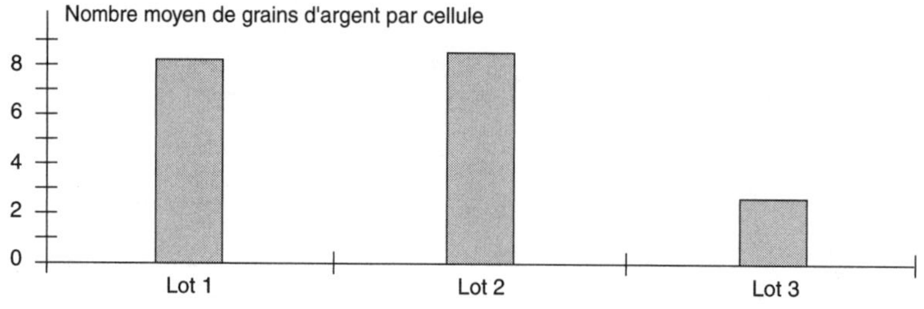

	Lot 1	Lot 2	Lot 3
Injections pratiquées	RU486 marqué au tritium	Progestérone marquée au tritium	RU486 non marqué, puis progestérone marquée au tritium

DOCUMENT 3
Comparaison des molécules de RU486 et de progestérone

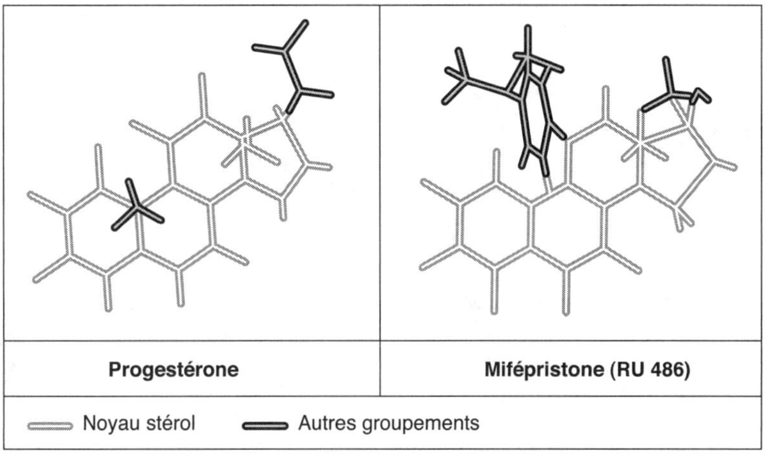

PARTIE II - Exercice 2 (5 points)
Enseignement de spécialité

PROGRAMME : diversité et complémentarité des métabolismes

DOCUMENT 1
Expériences de cultures cellulaires de levures

Des levures de bière (*S. cerevisae*) sont cultivées en présence de glucose dans un bioréacteur. Trois sondes permettent de suivre l'évolution de la concentration en dioxygène, en dioxyde de carbone et en éthanol. Les résultats sont présentés sur le graphique ci-dessous.

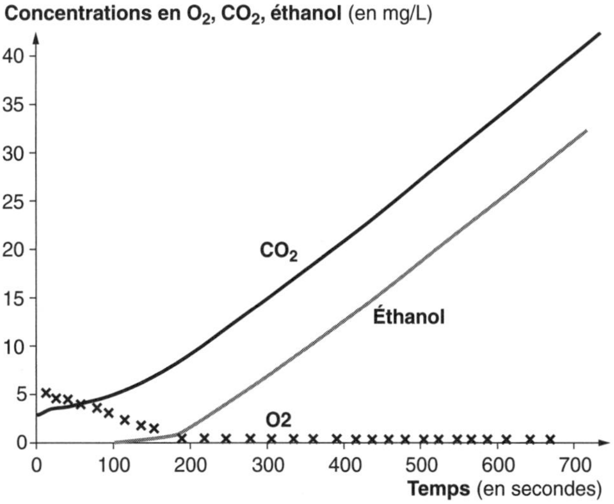

Suivi au cours du temps de la concentration en dioxygène, dioxyde de carbone et éthanol dans une suspension glucosée de levures

DOCUMENT 2
Cellules de levures observées en microscopie électronique

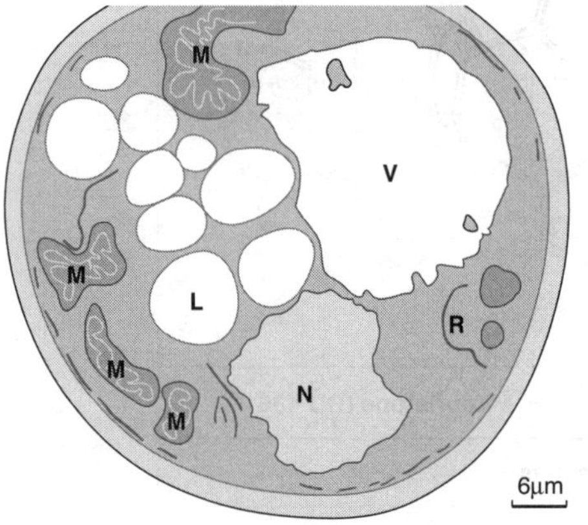

Schéma d'ultrastructure de levure vue en microscopie électronique et cultivée en aérobiose

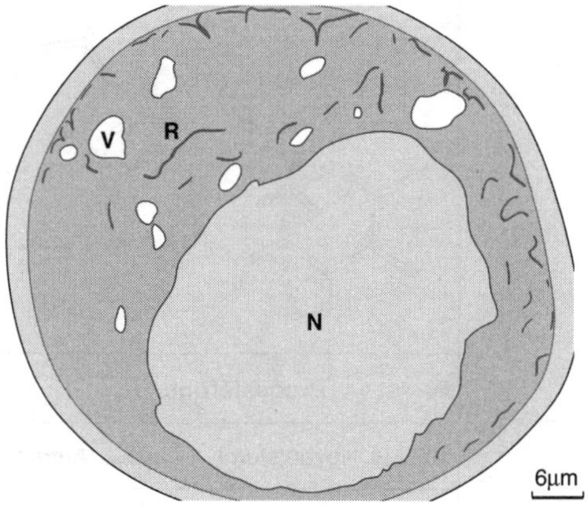

Schéma d'ultrastructure de levure vue en microscopie électronique et cultivée en anaérobiose

N : noyau **M** : mitochondrie **V** : vacuole **L** : inclusion lipidique cytoplasmique **R** : réticulum endoplasmique

DOCUMENT 3
Bilans de la respiration cellulaire et de la fermentation alcoolique

- L'équation bilan de la respiration cellulaire est :

$$C_6H_{12}O_6 + 6\,{}^{*}O_2 + 6H_2O \Rightarrow 6CO_2 + 12H_2{}^{*}O$$

Elle permet la régénération de 36 moles d'ATP par mole de glucose, soit une production énergétique de 2 815 kJ dont 1 677 kJ perdus sous forme de chaleur.

- L'équation bilan de la fermentation alcoolique est :

$$C_6H_{12}O_6 \Rightarrow 2CH_3CH_2OH_{\text{(éthanol)}} + 2CO_2$$

Elle permet la régénération de 2 moles d'ATP par mole de glucose soit une production énergétique de 167 kJ dont 106 kJ perdus sous forme de chaleur.

BACCALAURÉAT GÉNÉRAL

SCIENCES DE LA VIE ET DE LA TERRE

Série S

Obligatoire	***durée : 3 heures 30***	***coefficient : 6***
Spécialité	***durée : 3 heures 30***	***coefficient : 8***

L'usage d'une calculatrice n'est pas autorisé

Dès que ce sujet vous est remis, assurez-vous qu'il est complet.
Ce sujet comporte 9 pages numérotées de 1/9 à 9/9.

PARTIE I (8 points)

PROGRAMME : la convergence lithosphérique et ses effets

Les zones de subduction sont le siège d'une importante activité magmatique caractéristique : volcanisme en surface, mise en place de massifs de granitoïdes en profondeur.

Après avoir localisé et défini la roche source à l'origine du magma, montrez que la fusion de cette roche dépend étroitement des modifications minéralogiques subies par la plaque plongeante.

Un schéma récapitulatif est attendu.

PARTIE II - Exercice 1 (3 points)

PROGRAMME : immunologie

Lorsqu'une personne, dont le dernier rappel de vaccination antitétanique remonte à plus de 10 ans, se blesse avec un objet ayant séjourné au contact de la terre, on pratique une sérovaccination.
Cette méthode consiste en deux injections successives. La première contient des immunoglobulines humaines spécifiques de la toxine tétanique. La deuxième contient de l'anatoxine tétanique, molécule toxique normalement produite par le bacille tétanique, dont on a ôté tout caractère pathogène. Cette dernière est suivie de deux autres injections similaires à quelques semaines d'intervalle.

À partir des données extraites du graphe proposé, expliquez en quoi cette pratique de la sérovaccination permet d'intervenir dans la prévention contre le tétanos à la fois sur le court terme et sur le long terme.

PARTIE II - Exercice 2 (5 points)
Enseignement obligatoire

PROGRAMME : parenté entre les êtres vivants actuels et fossiles - phylogenèse - évolution

On cherche à établir les relations de parenté entre trois vertébrés actuels : Thon, Homme, Rorqual (baleine), et à situer dans le temps la période de séparation des groupes auxquels ils appartiennent.

En vous appuyant sur les données des documents 1 à 3, justifiez l'arbre phylogénétique suivant pour exprimer ces relations. En bilan, vous reproduirez cet arbre et y situerez l'âge de séparation des groupes étudiés.

Arbre phylogénétique de quelques vertébrés (*= espèce fossile)

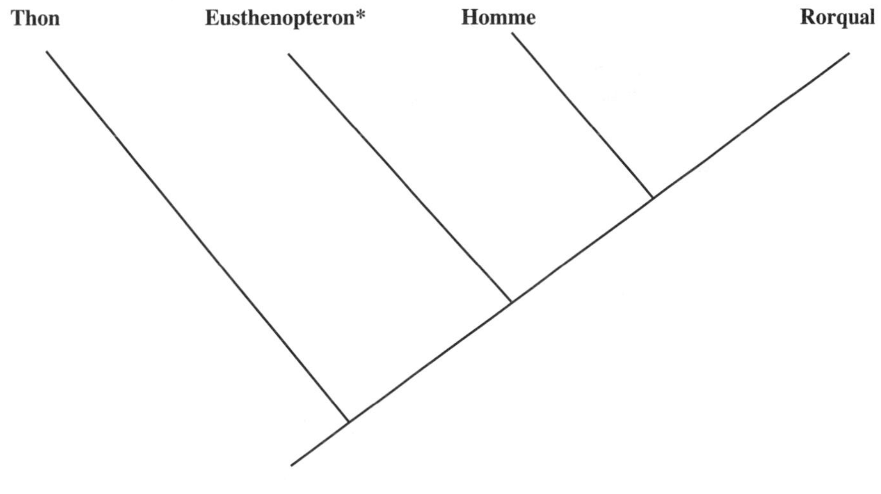

PARTIE II - Exercice 2 (5 points)
Enseignement de spécialité

PROGRAMME : des débuts de la génétique aux enjeux actuels des biotechnologies

En mettant en relation les informations apportées par les documents 1 à 3, complétées, si nécessaire, par vos connaissances, justifiez la demande de Mme X et commentez le résultat obtenu par la méthode du Southern blot.

PARTIE II - Exercice 1 (3 points)

PROGRAMME : immunologie

DOCUMENT

Évolution du taux des anticorps chez une personne ayant subi une sérovaccination

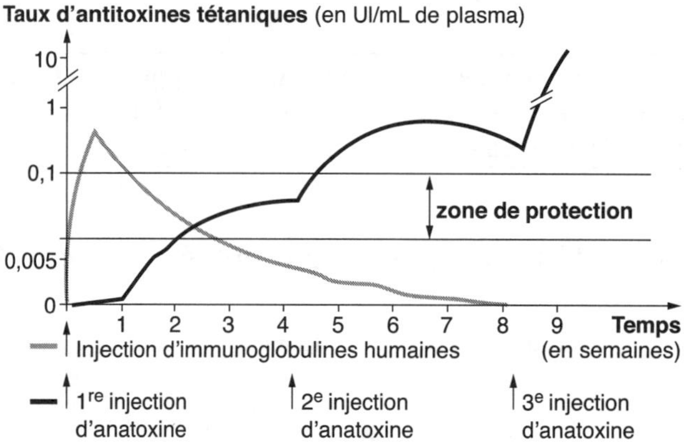

PARTIE II - Exercice 2 (5 points)
Enseignement obligatoire

PROGRAMME : parenté entre les êtres vivants actuels et fossiles - phylogenèse - évolution

DOCUMENT 1
Squelettes des membres antérieurs de différentes espèces actuelles et fossiles

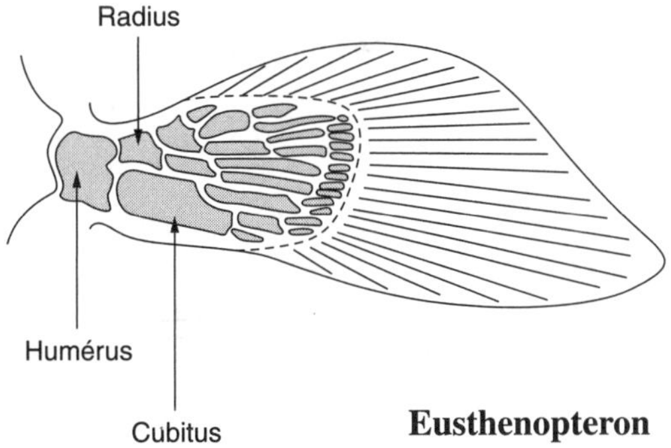

Eusthenopteron

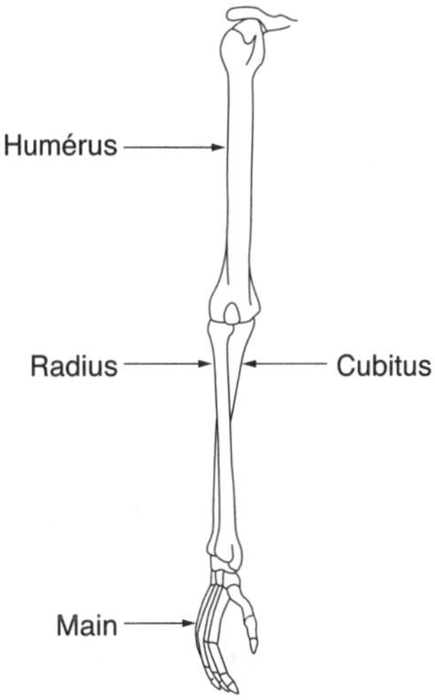

Homme

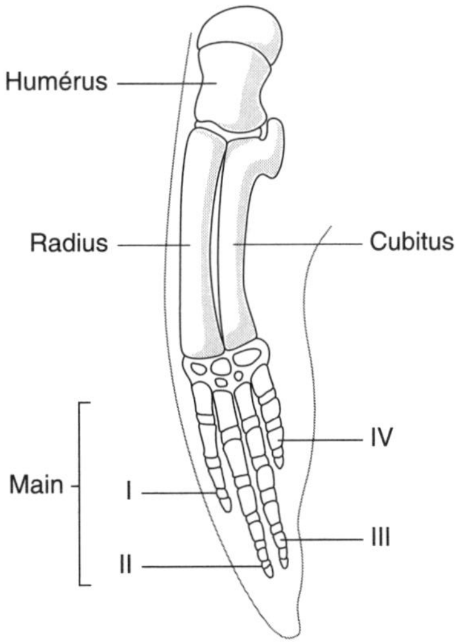

Rorqual

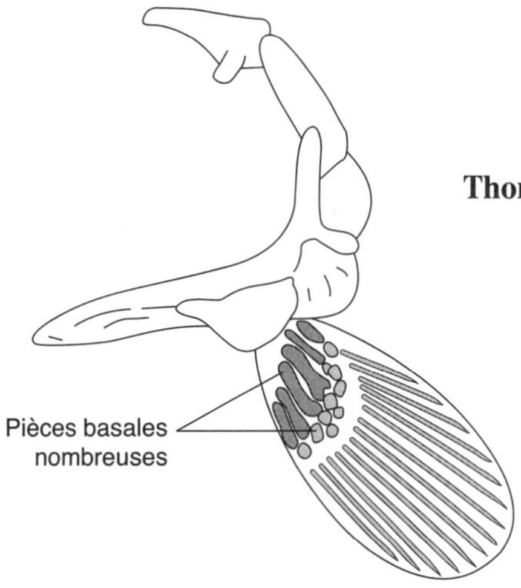

Thon

** : Les pièces basales nombreuses correspondent à un caractère dans son état ancestral.*
Les pièces anatomiques légendées pour les autres animaux correspondent toutes à des caractères dans leur état dérivé.

DOCUMENT 2
Comparaison des globines β de l'hémoglobine de trois vertébrés

Le tableau ci-dessous indique les séquences polypeptidiques d'une portion représentative de la chaîne β de l'hémoglobine de l'Homme, du Rorqual et du Thon (acides aminés 5 à 25).
Chaque lettre correspond à un acide aminé.

Acides aminés	5 10 15 20 25
Homme	P E E K S A V T A L W G K V N V D E V G G
Rorqual	A E E K S A V T A L W A K V N V E E V G G
Thon	Q Q E R S I I A G F I A N L N Y E D I G P

DOCUMENT 3
Âge des plus anciens fossiles connus des groupes étudiés

Groupe zoologique	Plus ancien fossile connu (âge)
Actinoptérygien (Thon)	Écailles d'Andreolepis (-420 Ma)
Sarcoptérygiens	Eusthenopteron (-370 Ma)
Primates (Homme)	Purgatorius (-70 Ma)
Cétacés (Rorqual)	Ambulocetus (-50 Ma)

PARTIE II - Exercice 2 (5 points)
Enseignement de spécialité

PROGRAMME : des débuts de la génétique aux enjeux actuels des biotechnologies

Madame X possède dans sa famille des membres affectés par une maladie génétique liée au chromosome X : la myopathie de Becker (**document 1**). Enceinte d'un garçon, elle souhaite faire réaliser un diagnostic antenatal de cette maladie.
Les généticiens choisissent la méthode du Southern blot (**document 2**) qu'ils appliquent à différents membres de la famille de madame X (**document 3**).

DOCUMENT 1

➔ **DOCUMENT 1a**
Arbre généalogique de Mme X

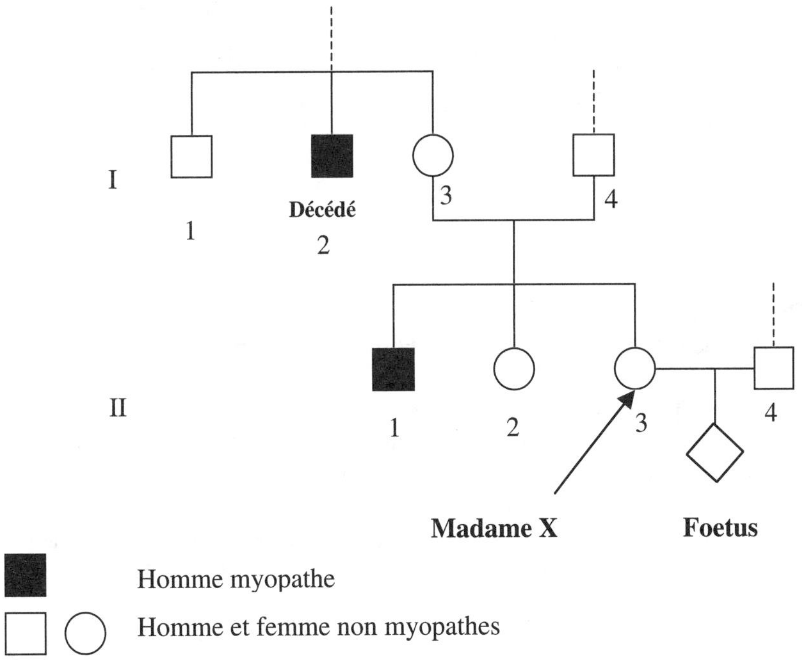

➔ **DOCUMENT 1b**
Le gène impliqué dans la myopathie de Becker

La myopathie de Becker est une maladie rare atteignant surtout les hommes car le gène impliqué est porté par la partie du **chromosome X** n'ayant pas d'homologue en Y. Ce gène code pour une protéine du cytosquelette des cellules musculaires : la **dystrophine**. L'extrême majorité des cas est due à un phénomène de **délétion** de certaines parties de ce gène appelées **exons**. Ces allèles mutés sont tous **récessifs** sur l'allèle normal.

DOCUMENT 2
Application de la technique du Southern blot au cas de la myopathie de Becker

➔ DOCUMENT 2a
La technique du Southern blot

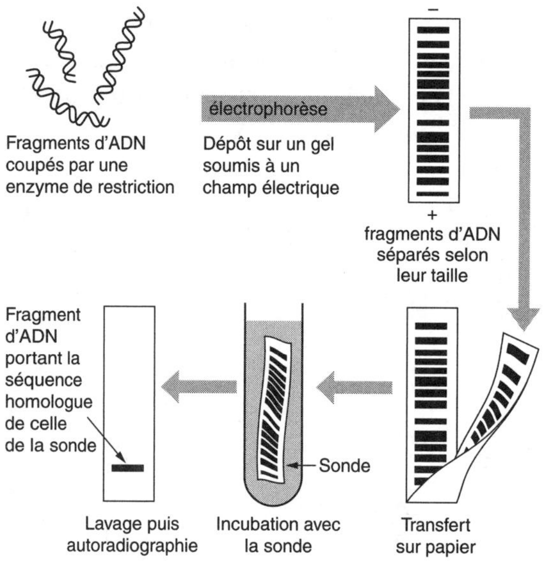

➔ DOCUMENT 2b
Particularités du gène impliqué dans la myopathie de Becker

Les généticiens ont répertorié les délétions d'exons les plus fréquentes du gène de la dystrophine impliquées dans la myopathie de Becker et ont mis au point des sondes moléculaires spécifiques de chacun de ces exons.

On rappelle qu'une sonde moléculaire est un fragment d'ADN **radioactif** capable de se lier à une séquence particulière d'ADN. À l'autoradiographie, l'**intensité du marquage** d'une bande varie avec le nombre de sondes ayant pu se fixer sur une séquence complémentaire.

DOCUMENT 3
Résultas obtenus par la technique du Southern blot

Les généticiens réalisent sur l'ADN de différents membres de la famille un Southern blot en utilisant des sondes explorant les exons 47, 48, 50, 51, 52 du gène de la dystrophine après coupure de l'ADN par une même enzyme de restriction. Les résultats obtenus sont schématisés ci-dessous.

Individus testés

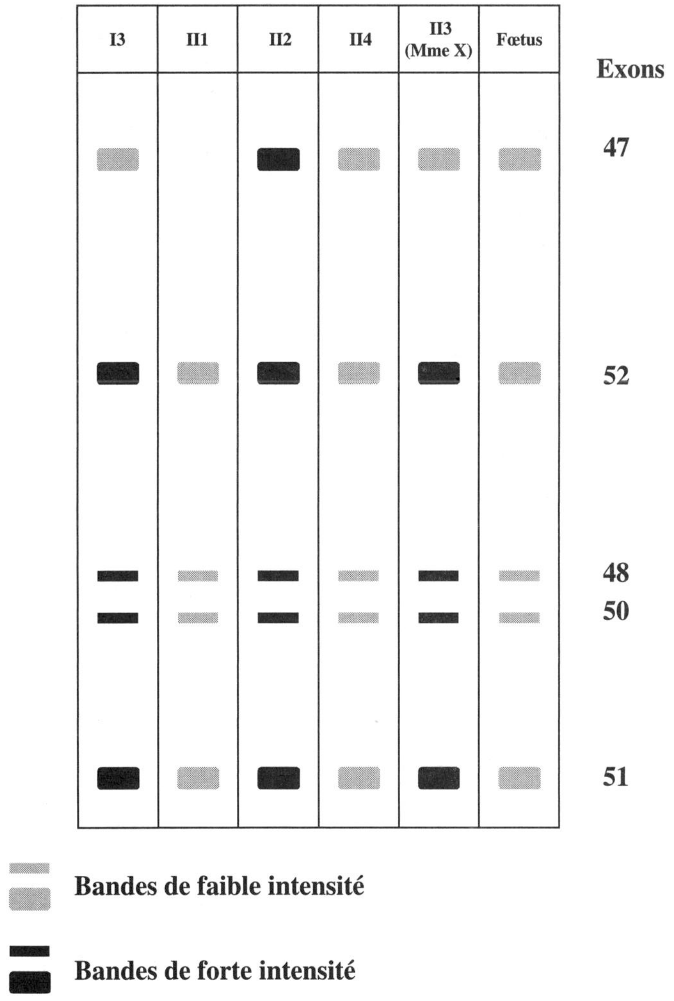

BACCALAURÉAT GÉNÉRAL

SCIENCES DE LA VIE ET DE LA TERRE

OBLIGATOIRE (OU SPÉCIALITÉ)

Série S

Obligatoire	***durée : 3 heures 30***	***coefficient : 6***
Spécialité	***durée : 3 heures 30***	***coefficient : 8***

L'usage d'une calculatrice n'est pas autorisé

Dès que ce sujet vous est remis, assurez-vous qu'il est complet.
Ce sujet comporte 8 pages numérotées de 1/8 à 8/8.

PARTIE I (8 points)

PROGRAMME : stabilité et variabilité des génomes et évolution

Montrez comment au cours de la méiose chez un individu hétérozygote, peut se réaliser un brassage interchromosomique et un brassage intrachromosomique de l'information génétique.
Vous prendrez le cas de deux gènes liés *A* et *B* (présents chacun sous deux formes alléliques A, a ; B, b) et d'un gène *C* (présent sous les formes C et c) indépendant des précédents.

Des schémas représentant les mécanismes expliqués sont attendus.

PARTIE II - Exercice 1 (3 points)

PROGRAMME : parenté entre les êtres vivants actuels et fossiles - phylogenèse - évolution

En exploitant les informations apportées par l'arbre phylogénétique proposé, dites quels caractères sont portés par l'ancêtre de chacun des groupes mis en légende et expliquez pourquoi la classe des Reptiles ne peut plus être conservée comme une division d'une classification phylogénétique des Vertébrés.

PARTIE II - Exercice 2 (5 points)
Enseignement obligatoire

PROGRAMME : procréation

La contraception désigne toute méthode visant à éviter une fécondation. Parmi ces méthodes, la contraception chimique est une des techniques les plus fiables et les plus utilisées actuellement. Il existe divers types de pilule contraceptive.
On se propose d'en étudier deux : une première, dite combinée, contenant une association d'un œstrogène et d'un progestatif de synthèse (analogue de la progestérone), et une seconde, dite microdosée, contenant seulement un progestatif de synthèse à faible dosage. Les documents ne présentent que les effets principaux recherchés de ces deux pilules.

À partir des documents proposés et de vos connaissances, indiquez le mode d'action de ces deux types de pilule contraceptive.

PARTIE II - Exercice 2 (5 points)
Enseignement de spécialité

PROGRAMME : des débuts de la génétique aux enjeux actuels des biotechnologies

La pyrale du maïs, *Ostrinia nubilalis*, est un papillon dont la larve (chenille) constitue l'insecte ravageur le plus nuisible pour le maïs.
Chaque année, elle détruirait dans le monde l'équivalent de la ration alimentaire annuelle de la population française. Dans les régions les plus infestées d'Espagne, les pertes de rendement atteignent 15 %.
Traditionnellement, on traite les cultures avec un insecticide (le chlorpyriphos-éthyl), mais l'utilisation des biotechnologies a permis de produire une variété, appelée R, « résistante » à la larve de pyrale.

À partir de l'analyse des documents et de vos connaissances, déterminez les particularités de cette variété de maïs R et précisez quelle est la technique ayant permis son élaboration.

PARTIE II - Exercice 1 (3 points)

PROGRAMME : parenté entre les êtres vivants actuels et fossiles - phylogenèse - évolution

DOCUMENT
Arbre phylogénétique d'un sous-groupe des Vertébrés

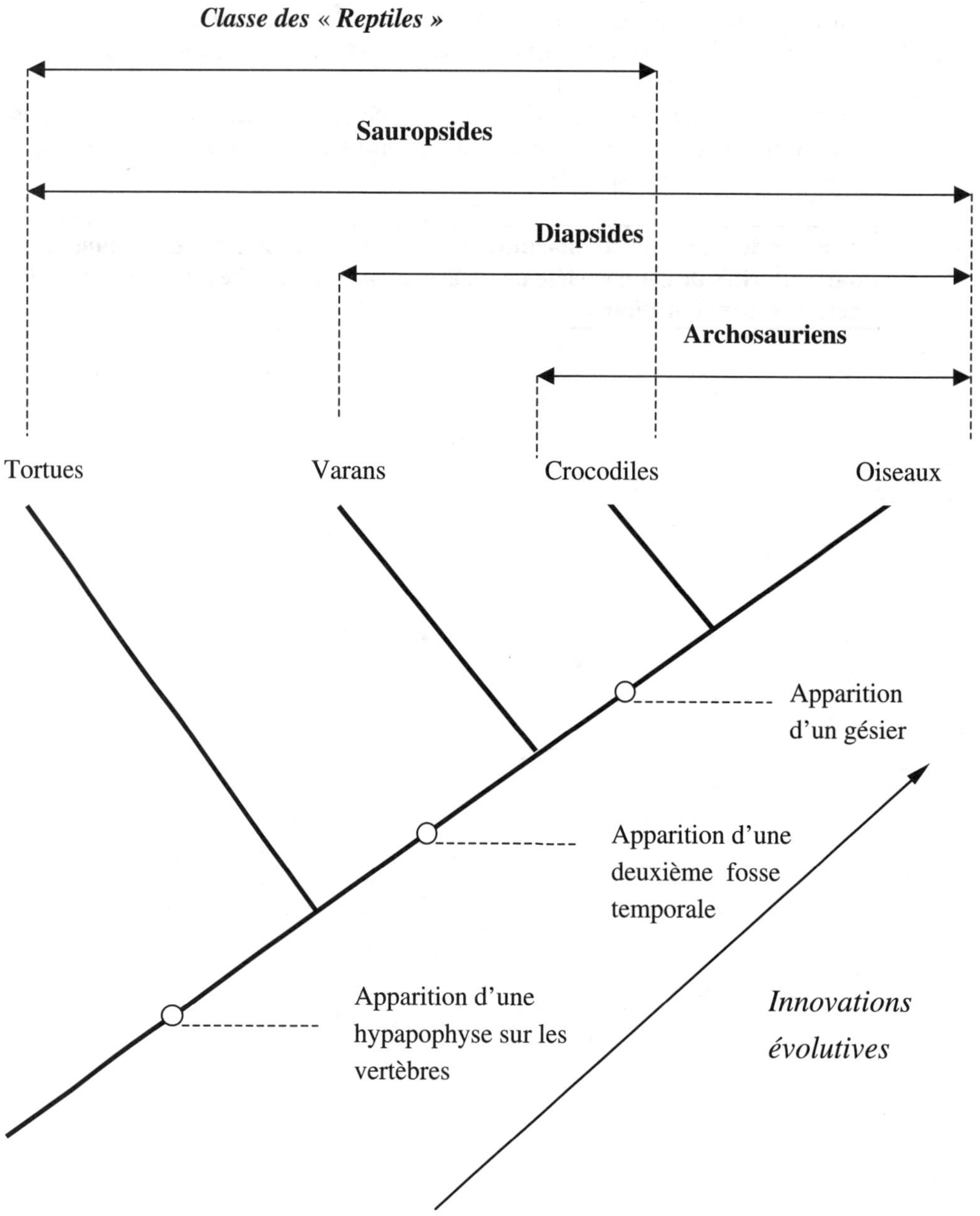

PARTIE II - Exercice 2 (5 points)
Enseignement obligatoire

PROGRAMME : procréation

DOCUMENT 1
Variation des concentrations plasmatiques en hormones ovariennes et hypophysaires au cours d'un cycle avec et sans pilule combinée

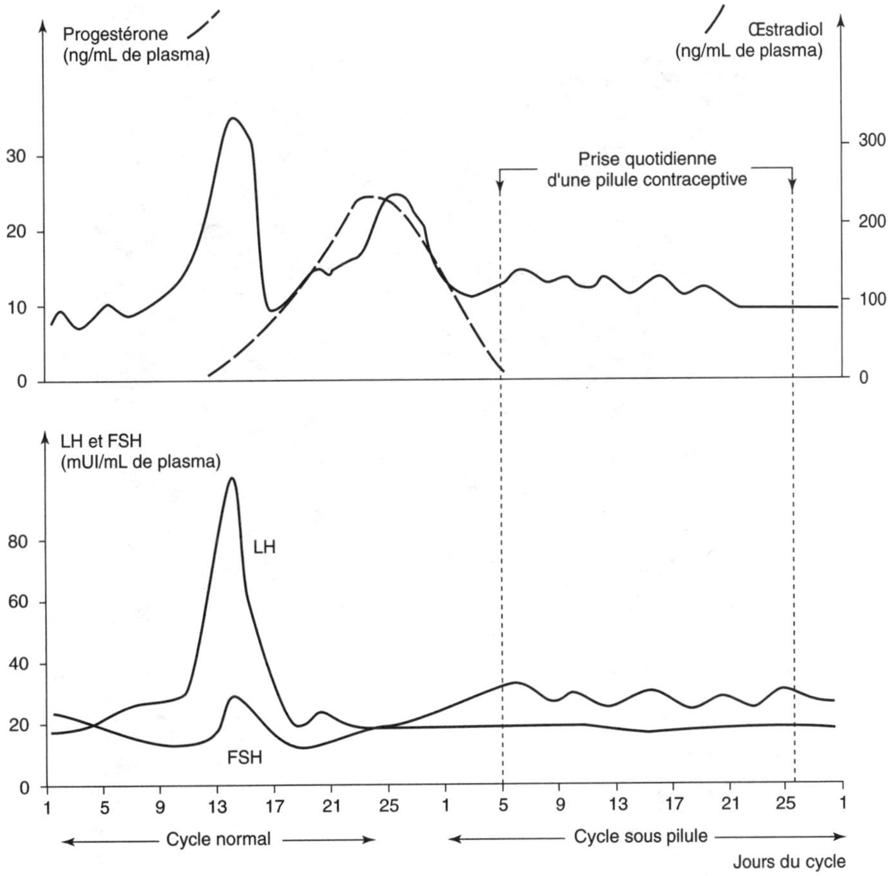

DOCUMENT 2
Effet de la prise d'une pilule microdosée sur la glaire cervicale et l'endomètre

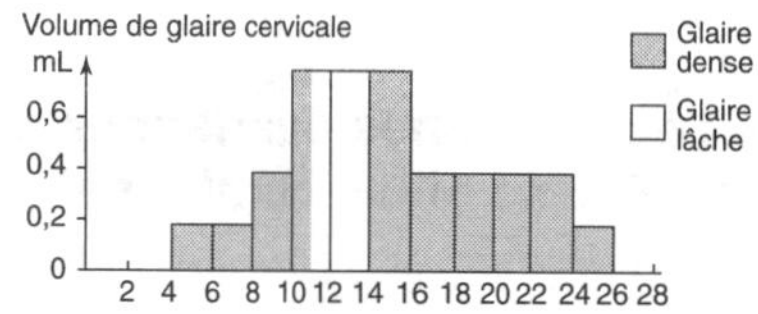

Volume de glaire cervicale au cours d'un cycle sans pilule

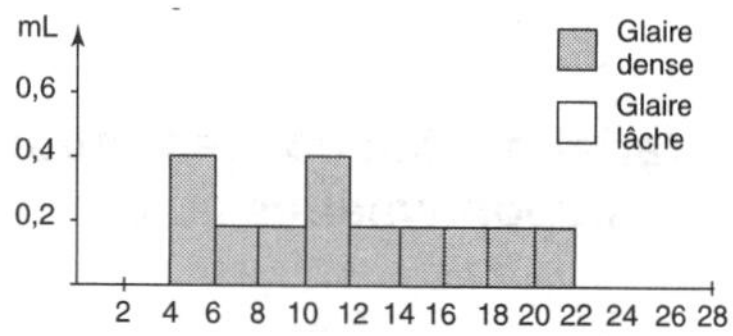

Volume de glaire cervicale au cours d'un cycle avec pilule

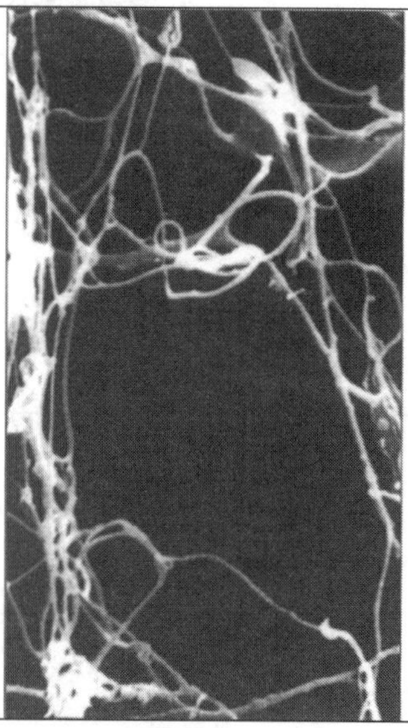

Glaire cervicale au 14^e^ jour d'un cycle sans pilule (MEB X 8.148)

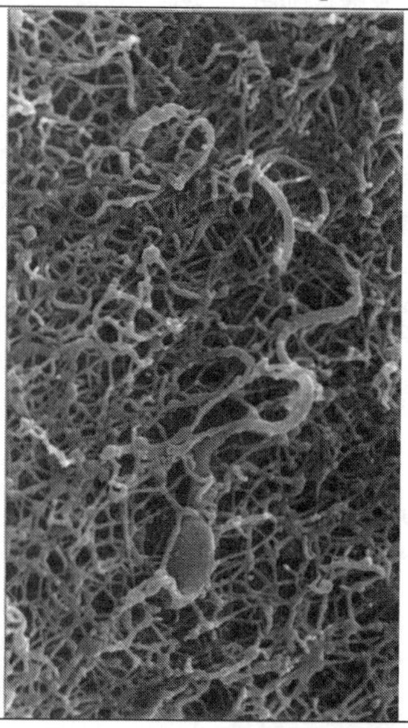

Glaire cervicale au 14e jour d'un cycle avec pilule (MEB X 4.400)

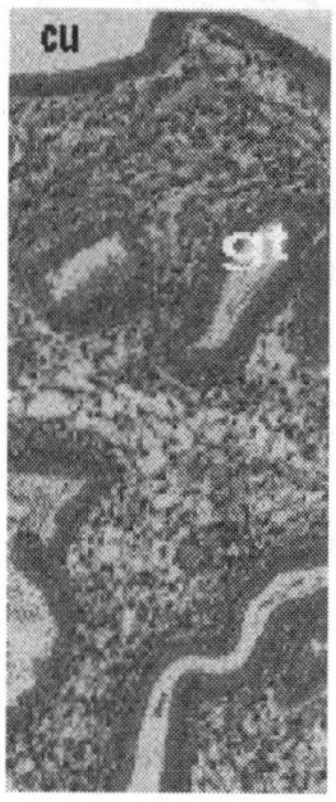

Muqueuse utérine au 20e jour sans pilule

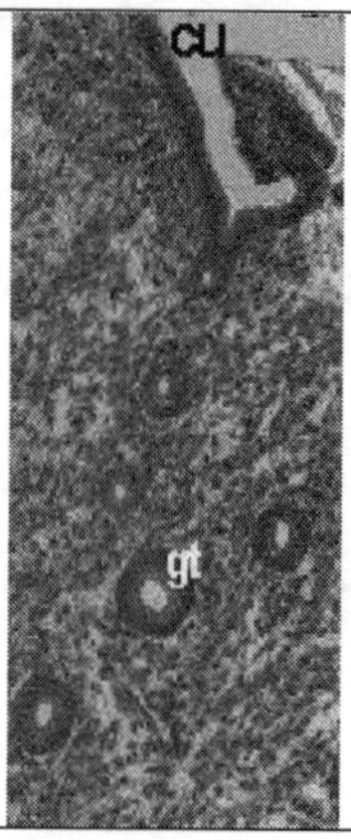

Muqueuse utérine au 20e jour du cycle avec pilule

Ces deux photographies sont prises à la même échelle (cu : cavité utérine ; gt : glande en tube)

PARTIE II - Exercice 2 (5 points)
Enseignement de spécialité

PROGRAMME : des débuts de la génétique aux enjeux actuels des biotechnologies

DOCUMENT 1

Effet sur la mortalité des larves de pyrale de la variété R comparée à celui d'un insecticide

Date d'infestation de la culture par les larves de pyrale	Maïs de variété R sans traitement insecticide	Maïs de variété sauvage avec traitement insecticide (chlorpyriphos-éthyl)
24/06	100	72
8/07	100	98
22/07	–	98
6/08	100	–
20/08	93	–

Comparaison du pourcentage de mortalité des larves de pyrale dans le cas de deux traitements.

DOCUMENT 2
Western Blot et Southern Blot réalisés à partir d'échantillons cellulaires de la variété de maïs R

La protéine Bt est une protéine toxique pour certains groupes d'insectes et naturellement produite par une bactérie du sol *Bacillus thuringiensis*

➔ Document 2a

On réalise un Western Blot dont la cible est la protéine Bt. Les protéines de deux variétés de maïs sont récupérées et séparées par électrophorèse sur gel selon leur taille. Des anticorps marqués par un composé coloré et spécifique de certaines régions de la protéine Bt sont ensuite mis en contact avec une feuille de papier spécial (nitrocellulose) sur laquelle ont été transférées les bandes de protéines. Les résultats sont reproduits à la page suivante.

Zones de dépôt des mélanges de protéines

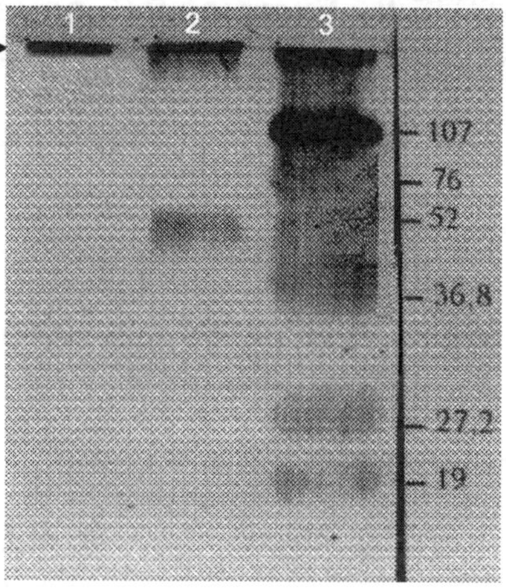

Légende : 1 : variété sauvage ; 2 : variété R ; 3 : marqueur de taille coloré (en kDa).
Le kilo-Dalton, noté kDa, est une unité de mesure de la masse moléculaire des protéines.

➔ Document 2b

On réalise également un Southern Blot, en ciblant certaines séquences précises du gène de la bactérie codant la protéine Bt. Pour cela, on isole l'ADN issu des cellules du maïs. On le coupe avec des enzymes de restriction en fragments facilement séparables. Les fragments sont séparés selon leur taille par électrophorèse sur gel, puis dénaturés et transférés sur un papier spécial (nylon). Celui-ci est ensuite incubé avec une sonde d'ADN marqué radioactivement et complémentaire d'une partie de la séquence du gène. On visualise ensuite les zones radioactives par autoradiographie. Les résultats sont reproduits ci-dessous :

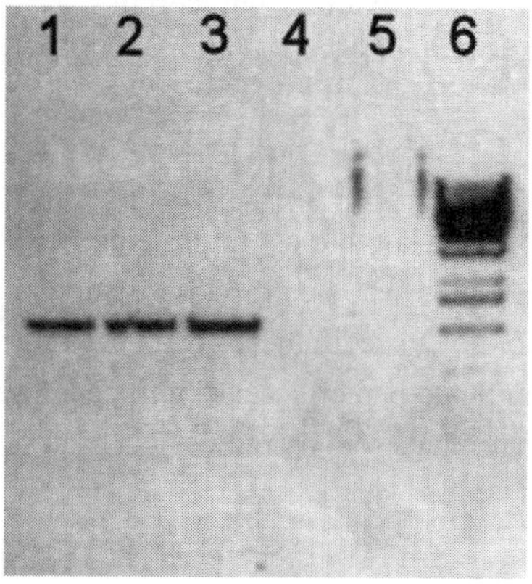

Légende : 1, 2 et 3 : variété R ; 4 et 5 : variété sauvage ; 6 : marqueur de taille radioactif.

BACCALAURÉAT GÉNÉRAL

SCIENCES DE LA VIE ET DE LA TERRE

Série S

Obligatoire	***durée : 3 heures 30***	***coefficient : 6***
Spécialité	***durée : 3 heures 30***	***coefficient : 8***

L'usage d'une calculatrice n'est pas autorisé

Dès que ce sujet vous est remis, assurez-vous qu'il est complet.
Ce sujet comporte 6 pages numérotées de 1/6 à 6/6.

PARTIE I - Exercice 1 (8 points)

PROGRAMME : procréation

Le rôle des hormones dans l'acquisition du phénotype sexuel chez l'embryon.

Le phénotype sexuel s'acquiert progressivement de la fécondation jusqu'à l'âge adulte. Les processus assurant cette acquisition sont en grande partie gouvernés par des hormones.

En illustrant votre étude par un schéma bilan, vous montrerez comment les hormones permettent l'acquisition du phénotype sexuel chez l'embryon.

PARTIE II - Exercice 1 (3 points)

PROGRAMME : stabilité et variabilité des génomes et évolution

On croise deux drosophiles de lignée pure, différentes l'une et l'autre pour deux caractères gouvernés chacun par un seul gène ; l'une est de type sauvage (yeux rouges et ailes longues), l'autre présente des yeux pourpres et des ailes vestigiales (atrophiées).
Tous les individus de F1 sont de type sauvage.
Des femelles de F1 sont croisées avec des mâles aux yeux pourpres et ailes vestigiales.
On obtient les résultats en F2 :
- 1 350 drosophiles aux yeux rouges et ailes longues ;
- 1 350 drosophiles aux yeux pourpres et ailes vestigiales ;
- 149 drosophiles aux yeux pourpres et ailes longues ;
- 151 drosophiles aux yeux rouges et ailes vestigiales.

En vous appuyant sur un raisonnement rigoureux basé sur l'analyse des données expérimentales ci-dessus, montrez que les deux gènes étudiés sont liés.

PARTIE II - Exercice 2 (5 points)
Enseignement obligatoire

PROGRAMME : parenté entre êtres vivants actuels et fossiles - phylogenèse - évolution

L'Homme moderne est le seul représentant actuel de la lignée humaine. Il existe plusieurs théories retraçant son origine, mais une des plus admises suggère une origine commune de tous les Hommes modernes à partir d'une unique population ancestrale.

À partir des données fournies (documents 1 et 2) concernant l'exemple des groupes sanguins, illustrez la relation existant entre distance génétique de deux populations et éloignement géographique, puis montrez en quoi cette relation s'accorde avec l'hypothèse d'une origine unique et récente des populations d'Hommes modernes actuels.

PARTIE II - Exercice 2 (5 points)
Enseignement de spécialité

PROGRAMME : diversité et complémentarité des métabolismes

La photosynthèse est constituée de deux phases : l'une dite photochimique, permettant la synthèse d'ATP et de composés réduits, l'autre dite non photochimique, permet l'assimilation du carbone dans des composés glucidiques.

À partir des documents proposés, décrivez avec précision les réactions de fixation du carbone lors de la phase d'assimilation de la photosynthèse.

PARTIE II - Exercice 2 (5 points)
Enseignement obligatoire

PROGRAMME : parenté entre êtres vivants actuels et fossiles - phylogenèse - évolution

DOCUMENT 1

➔ **Document 1a**
Répartition des fréquences alléliques du système ABO dans diverses populations humaines

Populations	Effectif de l'échantillon étudié	Fréquence des allèles (en %)		
		A	B	O
Européens (France)	500	26,3	7,4	66,3
Arabes (Arabie)	500	20,9	12,6	66,3
Indiens (Inde)	1 000	14,9	29,1	56

➔ **Document 1b**
Principe de calcul de la distance génétique
La distance génétique entre deux populations s'obtient en ne conservant pour chaque allèle que la fréquence la plus faible entre les deux populations, puis en faisant la somme de ces fréquences que l'on soustrait ensuite à 100.

DOCUMENT 2

Carte des migrations de l'Homme moderne

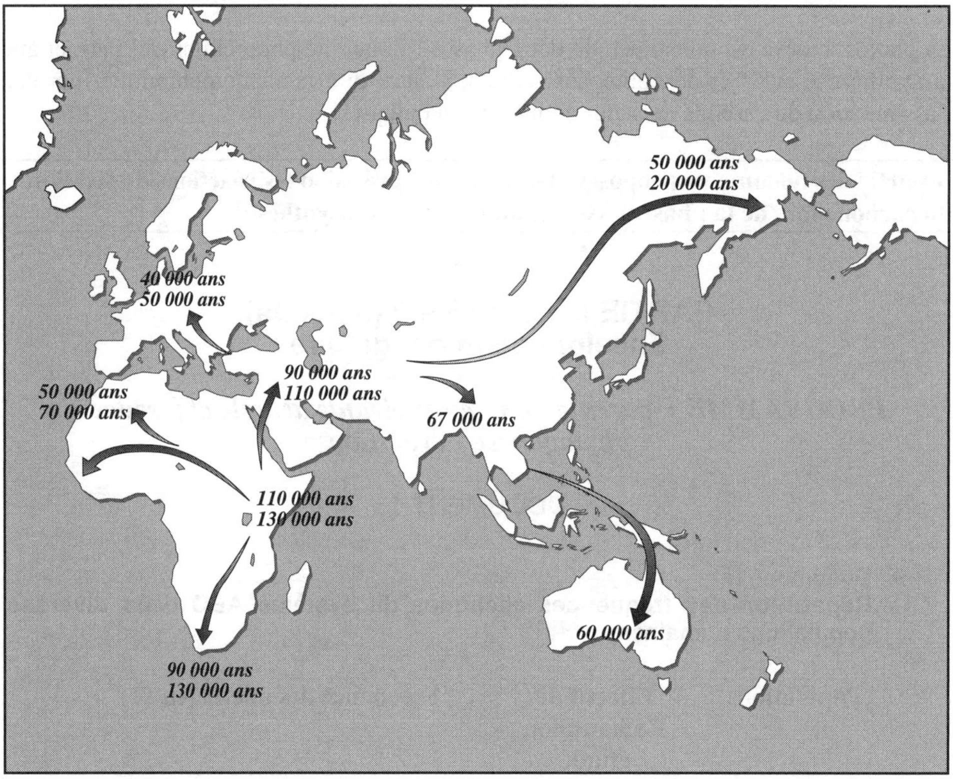

L'Homme moderne serait apparu récemment en Afrique de l'Est, il y a environ 110 000 à 130 000 ans à partir d'une population ancestrale de quelques dizaines de milliers d'individus, puis aurait colonisé l'Afrique, l'Europe et l'Asie, remplaçant peu à peu les individus de la lignée humaine qui peuplaient déjà ces régions.

PARTIE II - Exercice 2 (5 points)
Enseignement de spécialité

PROGRAMME : diversité et complémentarité des métabolismes

DOCUMENT 1
Autoradiographies obtenues après chromatographies bidimensionnelles de composés organiques de chlorelles

Des chlorelles (algues vertes unicellulaires) fortement éclairées sont mises en présence de dioxyde de carbone (CO_2) marqué au carbone radioactif (^{14}C) pendant des temps variables. À l'issue de ces expositions, les algues sont tuées immédiatement et leurs constituants organiques sont séparés par chromatographie bidimensionnelle (on réalise une migration, puis par une rotation de 90° du papier, on effectue une seconde migration dans une direction perpendiculaire à la première). Les chromatogrammes sont autoradiographiés. Les résultats sont présentés ci-dessous :

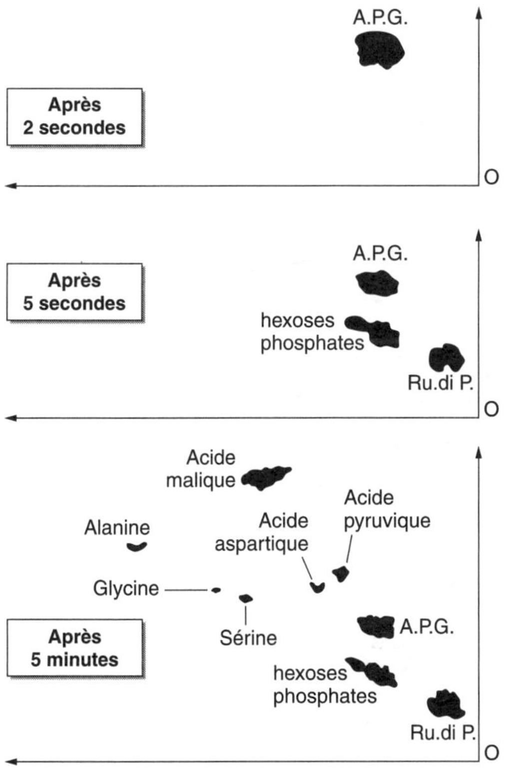

O : position initiale de l'extrait
Ru.di P : ribulose di-phosphate
A.G.P. : acide phospho-glycérique

On donne :
APG = acide phosphoglycérique, composé à 3 carbones (C_3),
Ru.di P = Ribulose di-phosphate, glucide à 5 carbones (C_5)
Hexoses = composés glucidiques à 6 carbones (C_6).

DOCUMENT 2
Mesure des concentrations de deux composés organiques au sein d'une suspension de chlorelles

Afin de préciser l'expérience précédente, on a mesuré dans des suspensions de chlorelles les variations de concentration de trois molécules marquées par le $^{14}CO_2$: l'APG, le Ru. di P et les hexoses. Les mesures sont faites :

– d'une part à la lumière puis à l'obscurité (*document a*) ;

– d'autre part en présence puis en l'absence de dioxyde de carbone (*document b*).

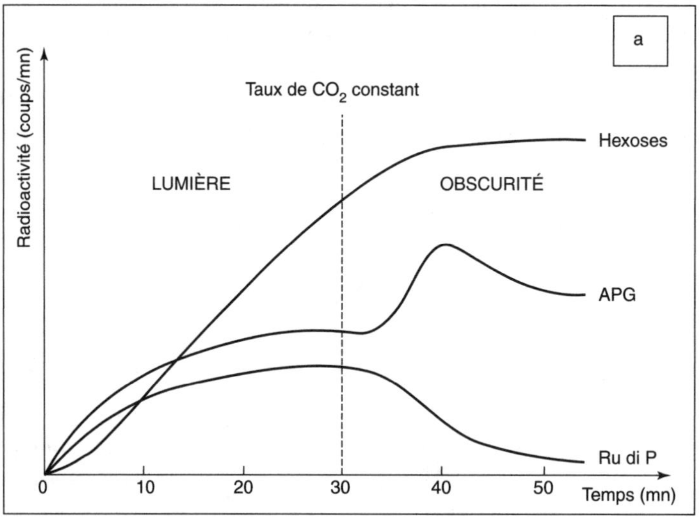

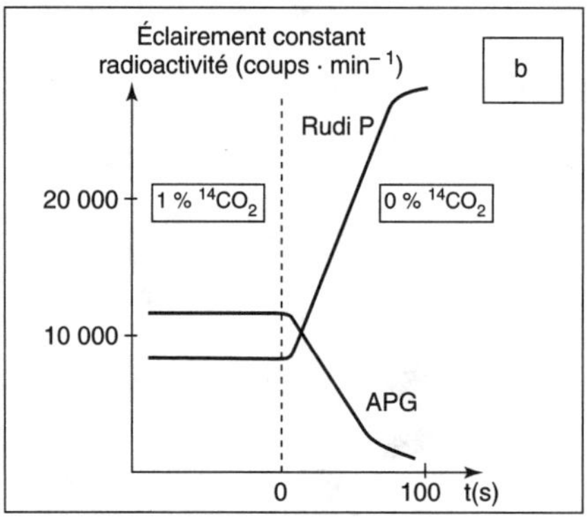

a : à taux de CO_2 constant

b : à éclairement constant.

BACCALAURÉAT GÉNÉRAL

SCIENCES DE LA VIE ET DE LA TERRE

Série S

OBLIGATOIRE (OU SPÉCIALITÉ)

Obligatoire	***durée : 3 heures 30***	***coefficient : 6***
Spécialité	***durée : 3 heures 30***	***coefficient : 8***

L'usage d'une calculatrice n'est pas autorisé

Dès que ce sujet vous est remis, assurez-vous qu'il est complet.
Ce sujet comporte 7 pages numérotées de 1/7 à 7/7.

PARTIE I (8 points)

PROGRAMME : la convergence lithosphérique et ses effets

Les chaînes de collision telles que les Alpes ou l'Himalaya se présentent sous forme de reliefs intracontinentaux mais certaines de leurs caractéristiques montrent qu'elles se sont formées par raccourcissement de la croûte après fermeture d'un ancien domaine océanique.

Après avoir décrit les traces géologiques témoignant de l'existence passée d'un domaine océanique, vous préciserez quels marqueurs géologiques traduisent le raccourcissement crustal lié à la collision.

PARTIE II - Exercice 1 (3 points)

PROGRAMME : stabilité et variabilité des génomes et évolution

Le document représente le caryotype classé d'une cellule germinale à l'origine d'un spermatozoïde humain.

À partir des informations extraites du document, déterminez à quelle étape de son évolution la cellule est observée et précisez la conséquence de la fécondation d'un ovule normal avec le spermatozoïde issu d'une telle cellule.

PARTIE II - Exercice 2 (5 points)
Enseignement obligatoire

PROGRAMME : stabilité et variabilité des génomes et évolution

On cherche à identifier certaines des innovations génétiques qui participent à l'évolution des organismes.

En mettant en relation les informations apportées par les documents 1 à 3 et en vous appuyant sur vos connaissances, déterminez quels mécanismes ont permis l'apparition de pigments rétiniens absorbant les radiations vertes dans l'espèce humaine.

PARTIE II - Exercice 2 (5 points)
Enseignement de spécialité

PROGRAMME : des débuts de la génétique aux enjeux actuels des biotechnologies

Au début du XXe siècle, Morgan et son équipe ont réalisé de nombreux croisements de drosophiles qui ont permis de valider la théorie chromosomique de l'hérédité. Celle-ci permit par la suite d'établir les premières cartes chromosomiques.

À partir de résultats de croisements obtenus par Morgan et d'observations cytologiques, on cherche à localiser trois gènes de drosophile et, dans le cas où certains de ces gènes figureraient sur le même chromosome, d'établir la carte chromosomique correspondante.

PARTIE II - Exercice 1 (3 points)

PROGRAMME : stabilité et variabilité des génomes et évolution

DOCUMENT

Caryotype d'une cellule germinale

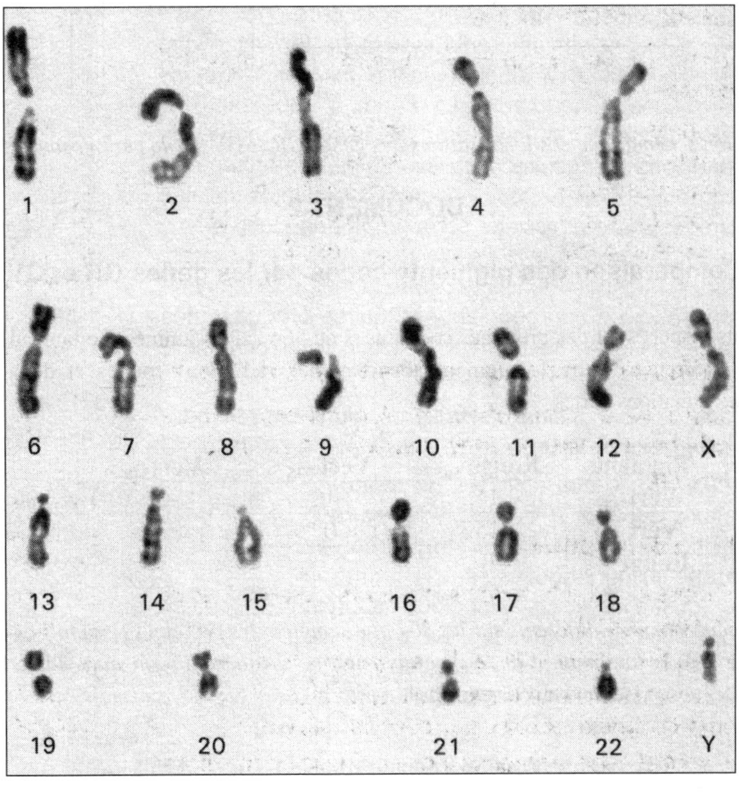

PARTIE II - Exercice 2 (5 points)
Enseignement obligatoire

PROGRAMME : stabilité et variabilité des génomes et évolution

DOCUMENT 1

Pigments rétiniens et vision des couleurs

Chez tous les primates la vision des couleurs est permise par la présence dans des cellules photoréceptrices de la rétine (les cônes) de deux pigments particuliers absorbant les radiations lumineuses bleues et rouges. Chez la plupart des primates d'origine africaine (dont l'Homme) il existe un type de cônes supplémentaire contenant un pigment absorbant des radiations vertes . Le schéma ci-contre concerne l'espèce humaine et représente la localisation chromosomique des gènes codant pour les pigments permettant l'absorption du rouge (GR) et du vert (GV). Le nombre de gènes GV est variable : le plus souvent 1, très rarement 2 ou plus. Il arrive aussi, exceptionnellement que l'un de ces gènes (GR ou GV) soit absent. Tous ces gènes sont localisés sur le chromosome X.

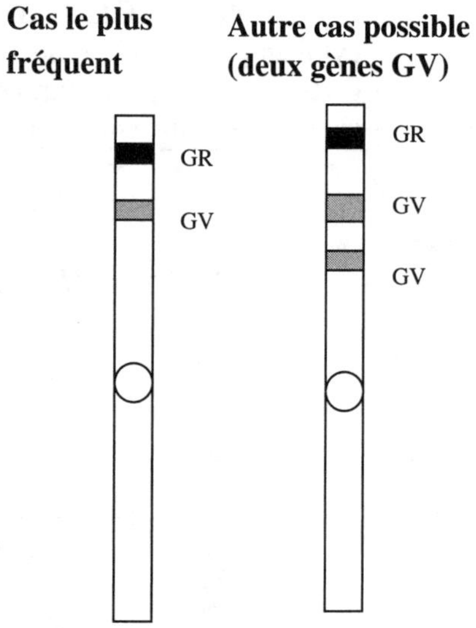

Représentation schématique des localisations des gènes GR et GV sur le chromosome X.

DOCUMENT 2

Comparaison des pigments codés par les gènes GR et GV

Les pigments visuels sont des protéines constituées de 364 acides aminés. Le tableau ci-dessous traduit les différences entre le pigment absorbant les radiations rouges et deux pigments absorbant des radiations vertes.

Pigments	Rouge $_{565}$	Vert $_{535}$	Vert$_{549}$
Vert $_{549}$	15	1	0
Vert $_{535}$	15	0	
Rouge $_{565}$	0		

Nombre d'acides aminés différents sur les 364 que comptent les protéines (les chiffres en indice correspondent à la longueur d'onde (en nanomètres) de la radiation dans laquelle chaque pigment présente son maximum d'absorption).

DOCUMENT 3
Recombinaison homologue inégale

Le schéma ci-dessous est une comparaison de deux mécanismes de recombinaison qui peuvent se produire en prophase de 1re division de méiose. La recombinaison homologue inégale est accidentelle.

Recombinaison avec enjambement (chiasma) normal

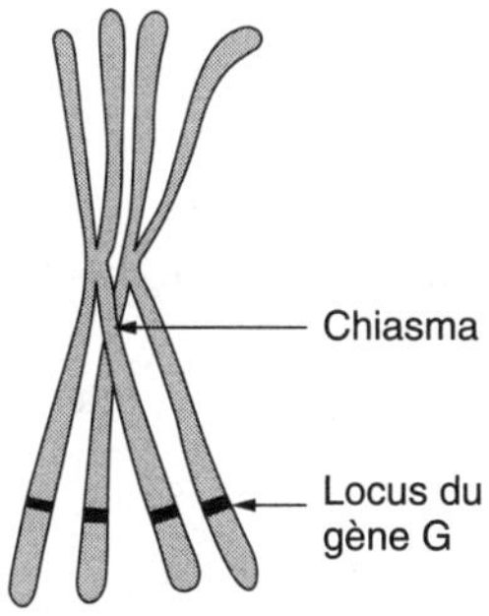

Enjambement normal des chromatides

Recombinaison avec enjambement accidentel (recombinaison inégale)

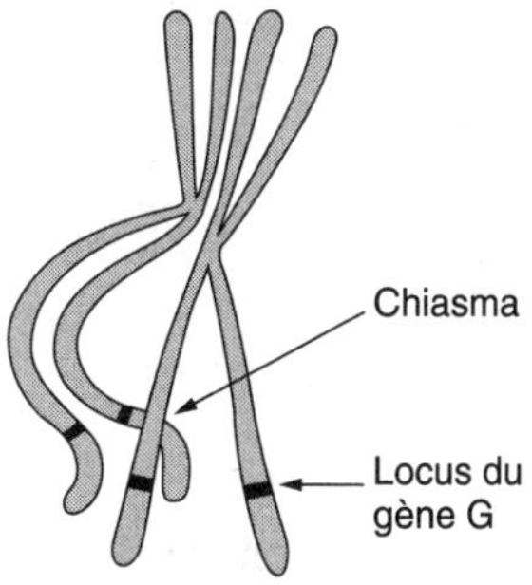

Anomalie dans l'enjambement des chromatides

On a localisé un gène G pris comme exemple.

Chromosomes homologues observés en prophase de 1re division de méiose.

PARTIE II - Exercice 2 (5 points)
Enseignement de spécialité

PROGRAMME : des débuts de la génétique aux enjeux actuels des biotechnologies

DOCUMENT 1
Résultats de trois croisements

On considère trois gènes : Y (pour Yellow), W (pour White) et M (pour Miniature) possédant chacun deux allèles notés respectivement + (pour les allèles sauvages) et – (pour les allèles mutés). On réalise trois croisements.

Premier croisement

Mâles corps gris, ailes longues **x** Femelles corps jaune, ailes miniatures

F1 : 100 % de femelles corps gris, ailes longues et de mâles corps jaune, ailes miniatures

F2 :113 corps gris, ailes longues [y+m+]
57 corps gris, ailes miniatures [y+m]
52 corps jaune, ailes longues [y m+]
102 corps jaune, ailes miniatures [y m]

Deuxième croisement

Mâles corps gris, yeux rouges **x** Femelles corps jaune, yeux blancs

F1 : 100 % de femelles corps gris, yeux rouges et de mâles corps jaune, yeux blancs

F2 : 10 759 corps gris, yeux rouges [y+w+]
106 corps gris, yeux blancs [y+w]
108 corps jaune, yeux rouges [y w+]
10 761 corps jaune, yeux blancs [y w]

Troisième croisement

Mâles yeux rouges, ailes longues **x** Femelles yeux blancs, ailes miniatures

F1 : 100 % de femelles yeux rouges, ailes longues et de mâles yeux blancs, ailes miniatures

F2 : 2 067 yeux rouges, ailes longues [w+m+]
1 005 yeux rouges, ailes miniatures [w+m]
995 yeux blancs, ailes longues [w m+]
2 049 yeux blancs, ailes miniatures [w m]

DOCUMENT 2
Microphotographie de chromosomes de drosophile

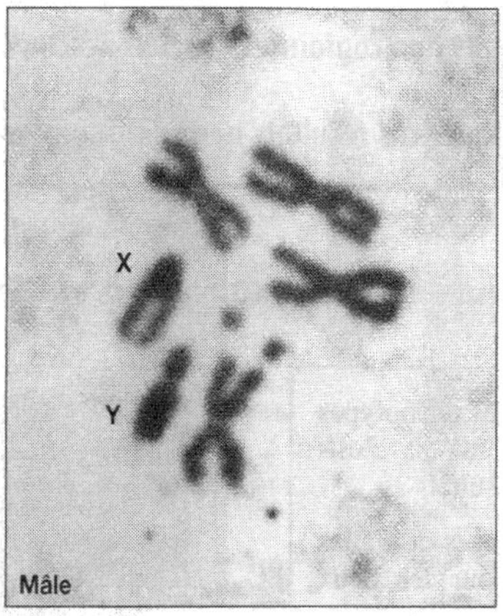

a.

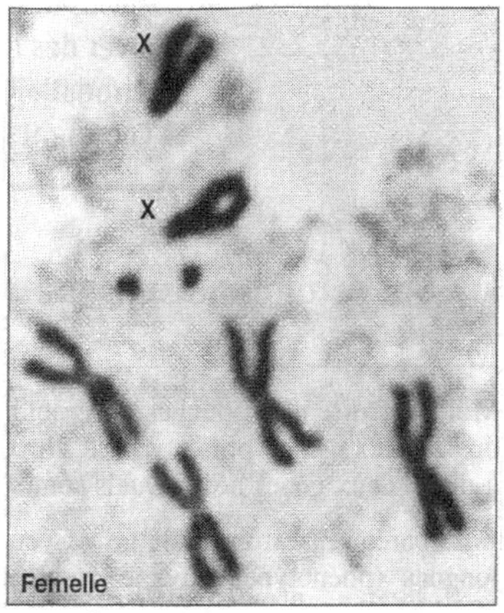

b.

Chromosomes de cellule de drosophile : *a. mâle*
b. femelle

DOCUMENT 3

Observation des paires de chromosomes homologues au cours de la méiose

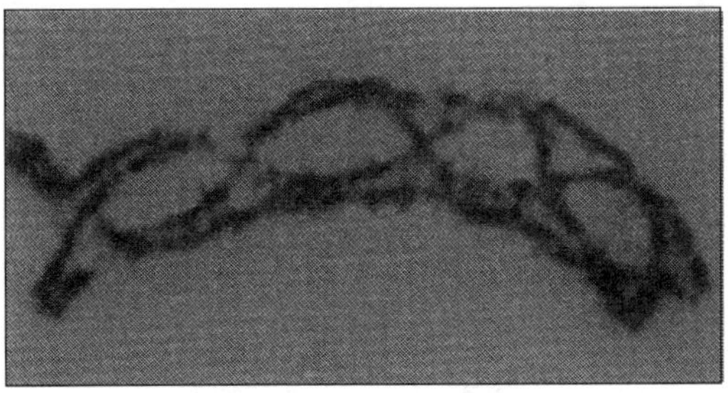

Observation microscopique d'une paire de chromosomes homologues en prophase de méiose 1 (observable uniquement chez les drosophiles femelles).

BACCALAURÉAT GÉNÉRAL

SCIENCES DE LA VIE ET DE LA TERRE

OBLIGATOIRE (OU SPÉCIALITÉ)

Série S

Obligatoire	***durée : 3 heures 30***	***coefficient : 6***
Spécialité	***durée : 3 heures 30***	***coefficient : 8***

L'usage d'une calculatrice n'est pas autorisé

Dès que ce sujet vous est remis, assurez-vous qu'il est complet.
Ce sujet comporte 10 pages numérotées de 1/10 à 10/10.

PARTIE I (8 points)

PROGRAMME : immunologie

Le Virus de l'Immunodéficience Humaine, ou VIH, est à l'origine du SIDA, une des maladies les plus graves auxquelles l'humanité a à faire face. La phase terminale de la maladie se traduit par l'apparition de maladies dites opportunistes, dont la multiplication finit par causer la mort du malade.

Après avoir rappelé comment le VIH peut causer la mort des cellules qu'il infecte, vous montrerez en quoi la mortalité de ces cellules est à l'origine de l'apparition des maladies opportunistes.

PARTIE II - Exercice 1 (3 points)

PROGRAMME : la convergence lithosphérique et ses effets

On a prélevé un échantillon de roche (glaucophanite) dans un des massifs des zones internes des Alpes. Une lame mince a été réalisée à partir de cet échantillon. Le résultat de son observation au microscope optique est reproduit sous forme de schéma.

À partir des informations provenant du document, montrez que la roche trouvée dans les Alpes témoigne de son enfouissement suivi d'une remontée à l'air libre.

PARTIE II - Exercice 2 (5 points)
Enseignement obligatoire

PROGRAMME : couplage des événements biologiques et géologiques au cours du temps

L'histoire de la vie sur Terre est marquée par l'existence de période d'extinctions massives au sein des espèces vivantes, appelées crises biologiques.
Les scientifiques s'interrogent afin de déterminer avec précision les causes de ces crises.

À partir de l'étude des documents proposés et de vos connaissances, discutez des causes possibles de la crise qui s'est produite lors du passage du Crétacé au Tertiaire, il y a 65 millions d'années (Ma).

PARTIE II - Exercice 2 (5 points)
Enseignement de spécialité

PROGRAMME : du passé géologique à l'évolution future de la planète

Les témoins d'une variation du niveau de la mer

En établissant une relation logique entre les données des documents 1 et 2, retrouvez les principales variations du niveau de la mer sur les côtes françaises depuis 100 000 ans et, à l'aide de vos connaissances, précisez l'origine de ces variations.

PARTIE II - Exercice 1 (5 points)

PROGRAMME : la convergence lithosphérique et ses effets

DOCUMENT 1
Schéma d'interprétation d'une lame mince d'un échantillon de roche recueillie dans les massifs internes des Alpes

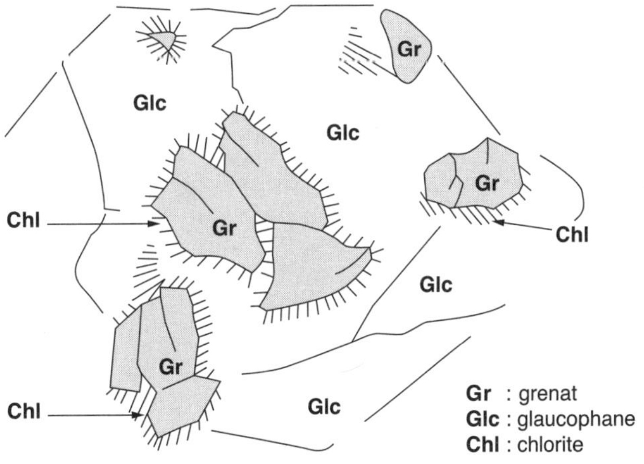

Schéma d'interprétation d'une lame mince d'un échantillon de roche recueillie dans les massifs internes des Alpes.

DOCUMENT 2

Diagramme pression/température très simplifié montrant les domaines de stabilité de quelques associations minérales caractéristiques

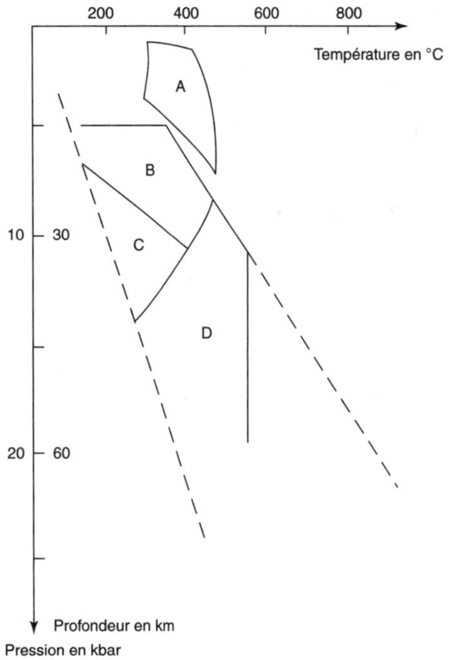

A = domaine de stabilité de l'association à chlorite + actinode + plagioclase

B = domaine de stabilité de l'association à glaucophane + plagioclase

C = domaine de stabilité de l'association à glaucophane + jadéite

D = domaine de stabilité de l'association à grenat + jadéite +/– glaucophane

PARTIE II - Exercice 2 (5 points)
Enseignement obligatoire

PROGRAMME : couplage des événements biologiques et géologiques au cours du temps

DOCUMENT 1
Des minéraux trouvés dans et au voisinage de la couche d'argile de la limite Crétacé-Tertiaire

La limite Crétacé-Tertiaire est marquée au niveau des couches sédimentaires par une couche d'argile noire. On mesure la teneur en iridium et en magnétite nickélifère sur 250 cm encadrant la couche d'argile noire de la limite Crétacé-Tertiaire.

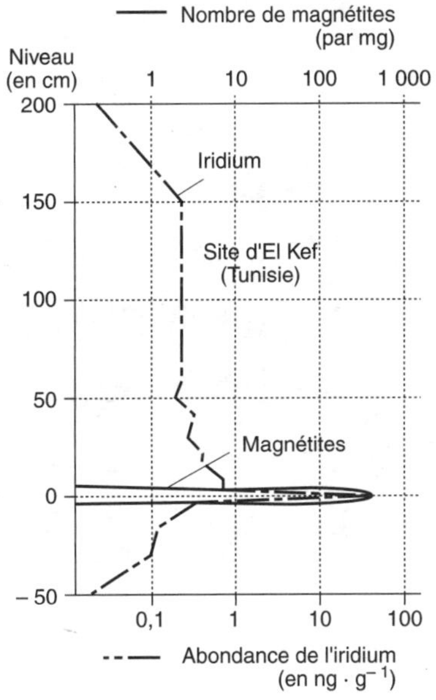

> **L'iridium** est un métal noble peu abondant dans les sédiments terrestres (aux alentours de 0,3 ng par gramme), mais abondants dans les météorites de type chondrite (55 ng par gramme).
>
> Les **magnétites nickélifères** se forment par fusion d'un matériau riche en nickel dans une atmosphère riche en dioxygène, comme c'est le cas lors de la traversée de l'atmosphère par une météorite.

DOCUMENT 2

Quelques observations réalisées dans la région du golfe du Mexique

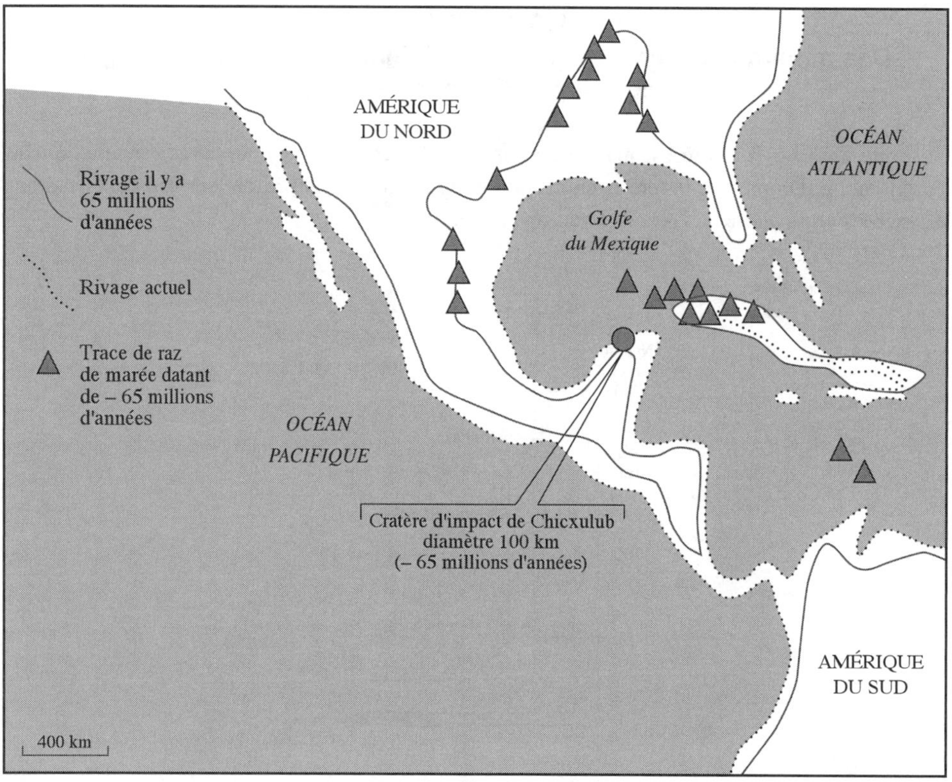

DOCUMENT 3

Le volcanisme du Deccan en Indes

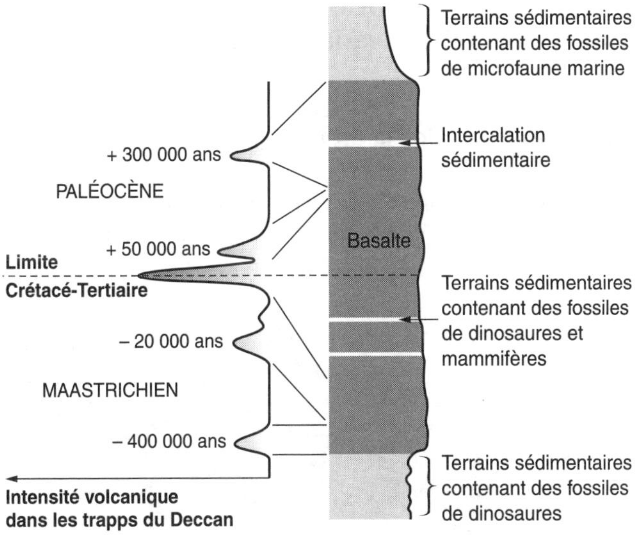

En Inde, on peut observer d'énormes empilements de coulées basaltiques.
Ils correspondent à des éruptions volcaniques massives encadrant la limite Crétacé-Tertiaire. Les sédiments, de nature lacustre, intercalés entre deux épisodes volcaniques, présentent une teneur en iridium élevée, comme c'est le cas actuellement dans le volcanisme basaltique observé au Piton de La Fournaise (point chaud de la Réunion).

PARTIE II - Exercice 2 (5 points)
Enseignement de spécialité

PROGRAMME : du passé géologique à l'évolution future de la planète

DOCUMENT 1
Les témoins d'une variation du niveau de la mer

➔ **Document 1a**
Une grotte ornée originale : la grotte Cosquer

L'illustration ci-dessous est une coupe d'une grotte ornée de la région de Marseille : la grotte Cosquer. Les peintures pariétales qu'elle contient sont datées pour les plus anciennes de – 28 000 ans. L'entrée de la grotte, aujourd'hui sous-marine se trouvait à l'époque sur une plage.

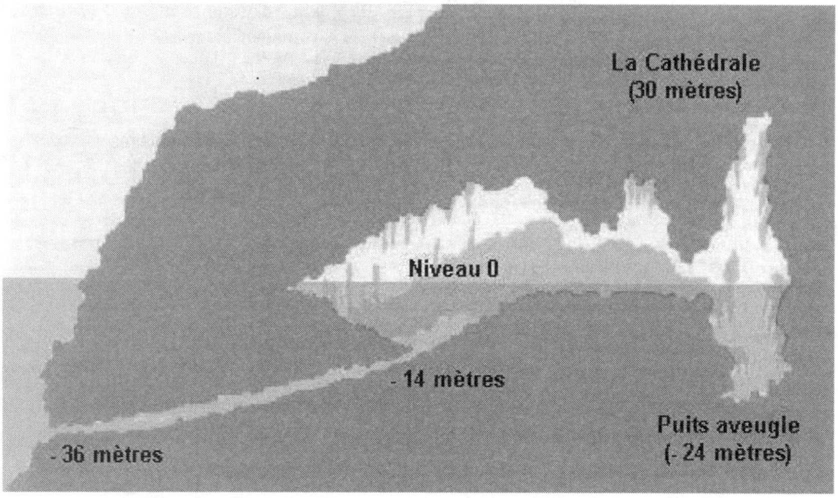

Grotte Cosquer

Schéma d'une coupe de la grotte Cosquer

➔ **Document 1b**

Ligne de rivage en Europe il y a – 18 000 ans

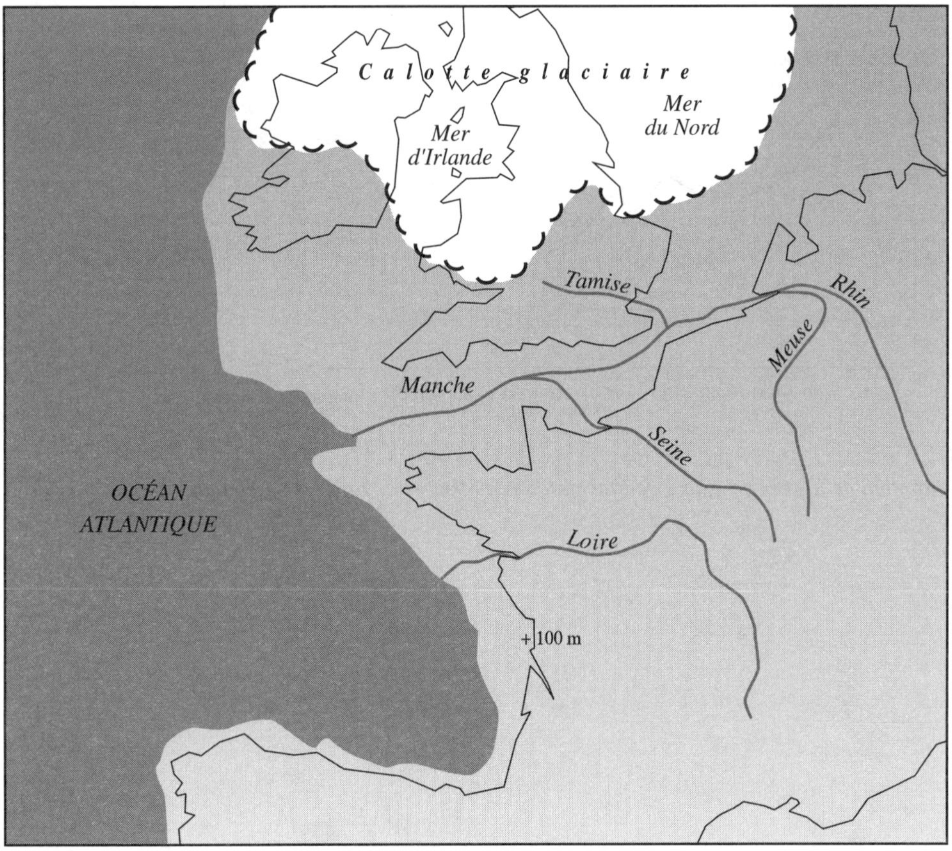

DOCUMENT 2

Variations globales de volume des calottes glaciaires

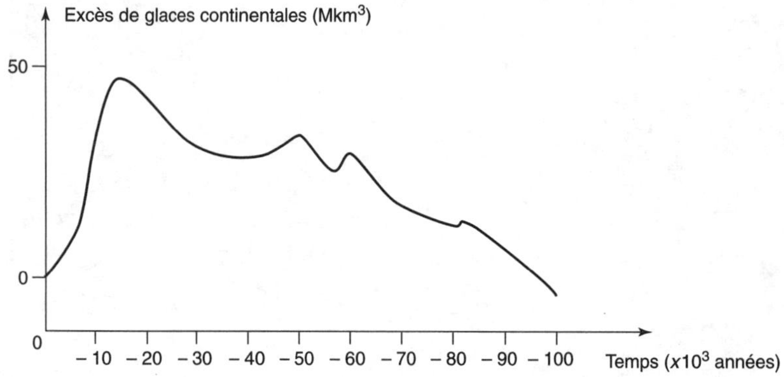

Variation de l'excès de glaces continentales (en Mkm³) par rapport à l'époque actuelle

BACCALAURÉAT GÉNÉRAL

SCIENCES DE LA VIE ET DE LA TERRE

OBLIGATOIRE (OU SPÉCIALITÉ)

Série S

Obligatoire	***durée : 3 heures 30***	***coefficient : 6***
Spécialité	***durée : 3 heures 30***	***coefficient : 8***

L'usage d'une calculatrice n'est pas autorisé

Dès que ce sujet vous est remis, assurez-vous qu'il est complet.
Ce sujet comporte 7 pages numérotées de 1/7 à 7/7.

PARTIE I (8 points)

PROGRAMME : immunologie

La séropositivité est la présence dans le sérum d'un individu d'immunoglobulines spécifiques d'un antigène donné.

En vous appuyant sur un schéma, décrivez la structure fonctionnelle d'une immunoglobuline et, après avoir précisé la nature des cellules qui les synthétisent, montrez comment ces molécules interviennent dans la phase effectrice de la réponse immunitaire acquise.

PARTIE II - Exercice 1 (3 points)

PROGRAMME : la mesure du temps dans l'histoire de la Terre et de la vie

On cherche à dater les peintures rupestres d'une grotte ornée. Le style des dessins permet de prévoir un âge d'environ 10 000 à 20 000 ans.
Une mesure de la radioactivité du ^{14}C sur des échantillons de charbon de bois (utilisé comme pigment noir) prélevé sur trois fresques différentes a donné les valeurs suivantes :

Échantillons	A	B	C
Radioactivité (cps/min)*	10	8	9

Radioactivité d'un standard actuel (bois) : 40 cps/min.

À partir des informations apportées par le document proposé, donnez l'âge approximatif de l'ensemble des échantillons A, B, C et précisez quel est le plus ancien des trois.

PARTIE II - Exercice 2 (5 points)
Enseignement obligatoire

PROGRAMME : stabilité et variabilité des génomes et évolution

Déterminisme possible de la stérilité chez l'homme :
Un homme adulte, monsieur F, est atteint de stérilité par oligospermie (moins de 20 millions de spermatozoïdes par millilitre de sperme). Afin de préciser l'origine de cette affection, on réalise une étude quantitative du taux d'ADN de cellules germinales extraites directement d'un testicule de monsieur F.

En utilisant vos connaissances, mettez en relation les informations apportées par les documents 1 et 2 pour identifier les 3 populations de cellules germinales (document 2) et proposer une raison possible à la stérilité par oligospermie de monsieur F.

PARTIE II - Exercice 2 (5 points)
Enseignement de spécialité

PROGRAMME : diversité et complémentarité des métabolismes

On cherche à connaître les besoins trophiques d'une algue verte unicellulaire flagellée : l'Euglène.

En exploitant les informations apportées par les documents 1 et 2 et en utilisant vos connaissances, identifiez les voies métaboliques utilisées par les euglènes pour se développer ; en bilan, vous commenterez les notions d'autotrophie et d'hétérotrophie dans le cas particulier de l'euglène.

PARTIE II - Exercice 1 (3 points)

PROGRAMME : la mesure du temps dans l'histoire de la Terre et de la vie

DOCUMENT
Représentation graphique de la décroissance radioactive du ^{14}C

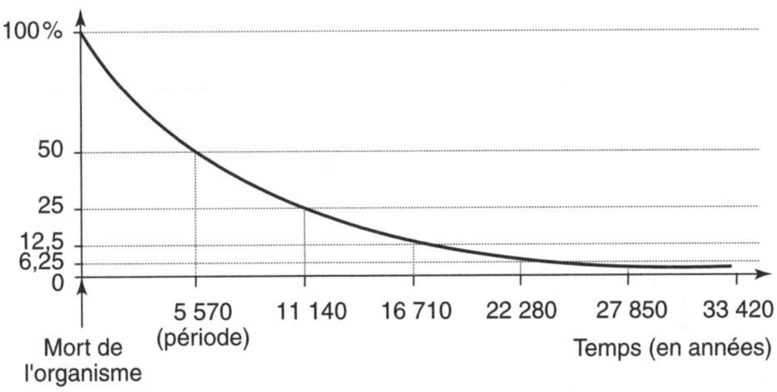

PARTIE II - Exercice 2 (5 points)
Enseignement obligatoire

PROGRAMME : stabilité et variabilité des génomes et évolution

DOCUMENT 1
Méiose et spermatogenèse

Le schéma ci-dessous replace les différentes étapes de la méiose dans la spermatogenèse ; les cellules germinales encadrées sont présentes dans l'épithélium germinatif des testicules.

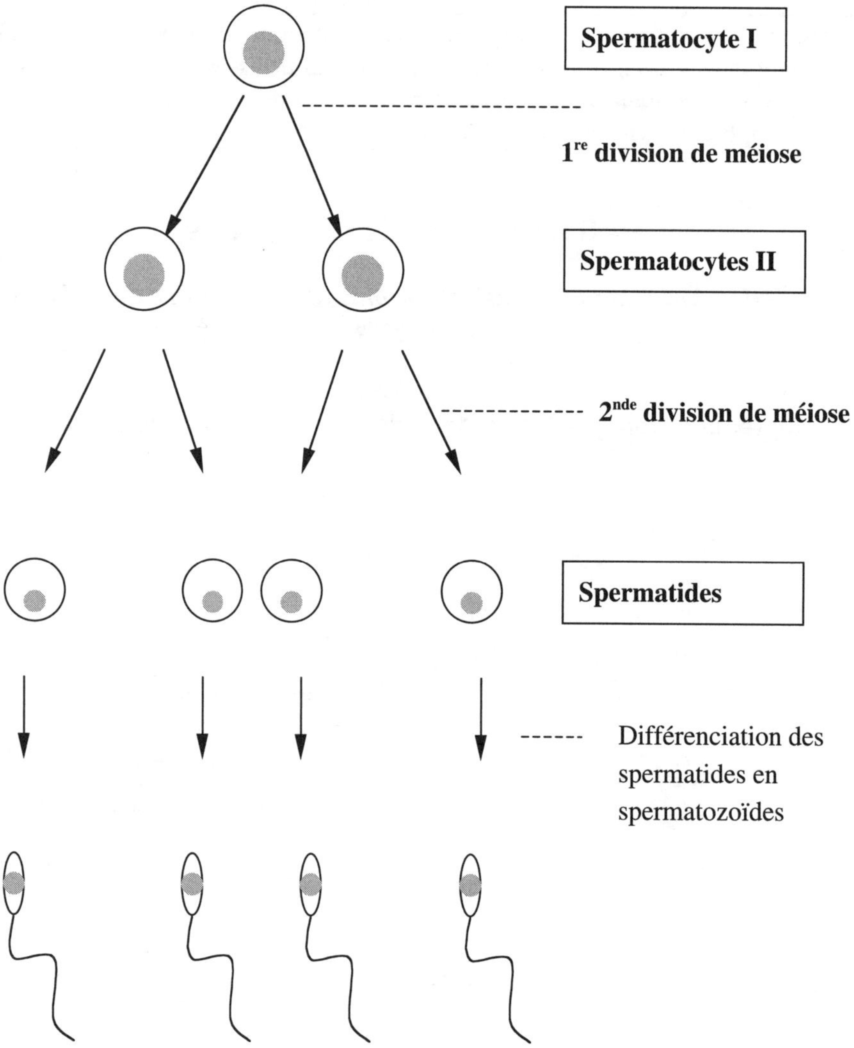

Étapes de la spermatogenèse.

DOCUMENT 2

Comparaison du taux d'ADN des cellules germinales de monsieur F et d'un homme fertile, monsieur G

Chez Monsieur F, on dose l'ADN de cellules germinales d'un fragment de testicule prélevé par biopsie. On définit ainsi trois populations différentes et l'on compare les effectifs de ces populations avec ceux obtenus pour un homme fertile : Monsieur G.

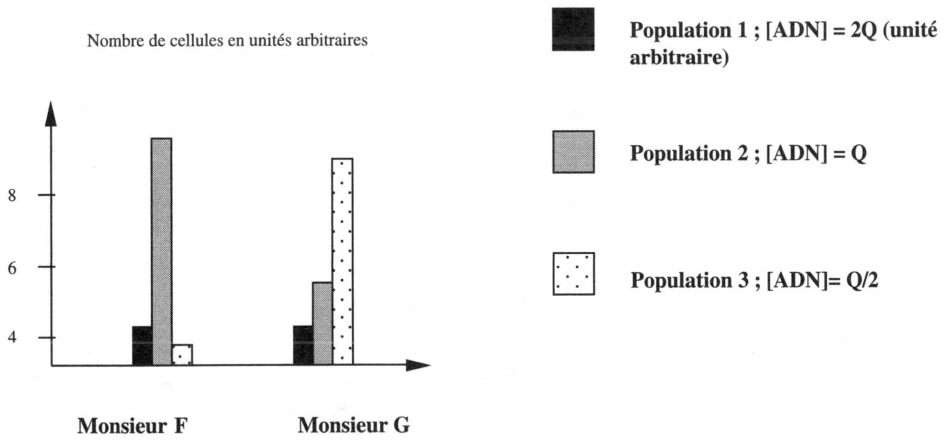

Populations de cellules germinales (1, 2, 3) observées chez deux individus.

PARTIE II - Exercice 2 (5 points)
Enseignement de spécialité

PROGRAMME : diversité et complémentarité des métabolismes

DOCUMENT 1
Expériences de mise en culture d'euglènes

➔ Document 1a
Action d'un antibiotique sur les chloroplastes des euglènes

Le document ci-dessous montre le résultat obtenu lorsque l'on rajoute de la streptomycine (antibiotique) à une culture d'euglènes. La streptomycine a pour effet d'empêcher la division des chloroplastes sans affecter la multiplication cellulaire.

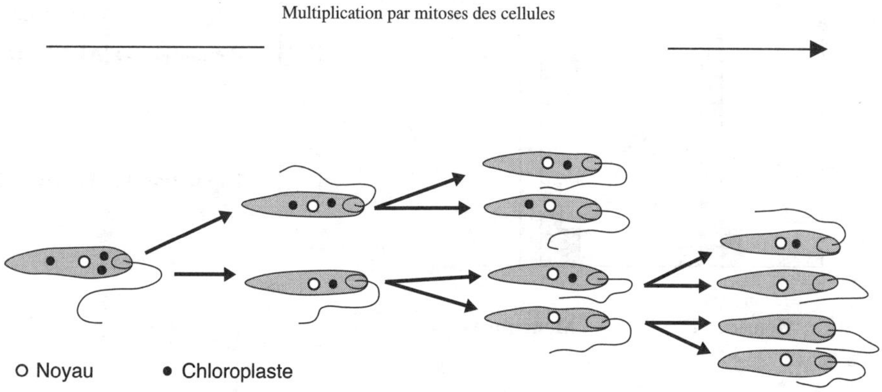

Résultat d'une culture d'euglènes dans un milieu additionné de streptomycine

➔ Document 1b
Expériences de mise en culture dans différentes conditions

Le tableau ci-dessous rend compte de l'aptitude (+) des euglènes à se multiplier en fonction des conditions de culture.

Conditions de culture	**Milieu 1**	**Milieu 2**	**Milieu 3**	**Milieu 4**
Obscurité/lumière	Lumière			Obscurité
Substances en solution	Sels minéraux	Sels minéraux + streptomycine	Sels minéraux + streptomycine + substances organiques	Sels minéraux + substances organiques
Multiplication	+	–	+	+

Multiplication des euglènes en fonction des conditions du milieu

DOCUMENT 2
Échanges gazeux des euglènes en culture

Dans les milieux 1 et 3 de l'expérience précédente, on mesure les échanges en O_2 et CO_2 des euglènes en culture. Le graphique ci-dessous traduit les résultats obtenus.

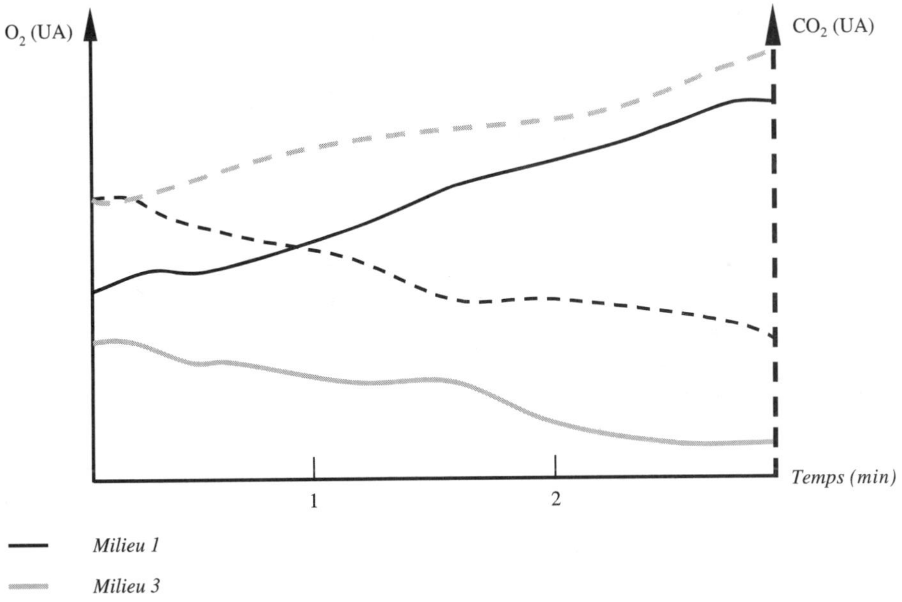

Évolution de la concentration (unités arbitraires UA) en O_2 et en CO_2 dans deux cultures d'euglènes.

CORRIGÉS

BAC BLANC 1

PARTIE I

Stabilité et variabilité des génomes et évolution

La reproduction permet aux espèces de se conserver au cours des générations successives. Pourtant, les espèces évoluent, c'est-à-dire subissent des modifications au cours du temps. On peut ainsi se demander quelles sont les sources de ces modifications. Est-ce le milieu qui en est à l'origine ? Est-ce que ce sont des mécanismes génétiques ? C'est ce que nous allons étudier en traitant tout d'abord de l'origine des innovations génétiques puis d'un exemple de conservation de ces innovations grâce à la sélection naturelle.

Cette introduction contient les trois points auxquels un correcteur sera sensible :
– la question est intégrée à un problème plus large (conservation et variabilité des espèces).
– la problématique est reformulée.
– le plan choisi est annoncé de façon explicite.

I. Les innovations génétiques

Bien qu'apparemment stable à l'échelle des générations, le génome des espèces varie au cours du temps. On connaît deux types d'innovations principales : les mutations et les duplications de gènes.

I.1. Les mutations

Les mutations se définissent comme des variations accidentelles de la séquence de nucléotides de la molécule d'ADN.
Plusieurs cas sont possibles :
– soit une substitution, c'est-à-dire le remplacement d'un nucléotide par un autre ;
– soit une addition, c'est-à-dire l'insertion au sein de la séquence d'un ou de plusieurs nucléotides ;
– soit une délétion, c'est-à-dire le retrait de la séquence d'un ou de plusieurs nucléotides.
Le taux de mutations est relativement faible mais peut varier, par exemple sous l'effet de certains agents de l'environnement, appelés agents mutagènes (ex : rayons ultraviolets, certaines substances chimiques...).
Cependant, elles sont totalement aléatoires : il est impossible de prévoir a priori l'emplacement et le moment de survenue d'une future mutation.
Les mutations sont à l'origine d'une modification des séquences de nucléotides des gènes et sont donc à l'origine de nouveaux allèles pour les gènes concernés. Ces nouveaux allèles peuvent être à l'origine d'une modification du phénotype.

I.2. La duplication de gènes

On a remarqué au sein des génomes des espèces, de grandes similitudes entre certains gènes. Ces similitudes ne peuvent pas être considérées comme le fait du hasard. Elles sont interprétées comme le résultat d'une ou de plusieurs duplications d'un gène ancestral, c'est-à-dire de la recopie d'un gène préexistant en d'autres positions du génome. Ces copies subissent ensuite des mutations forcément différentes de celles que subit le gène ancestral. Ceci entraîne la divergence des différentes copies les unes des autres.
Dans certains cas, ces événements peuvent conduire à l'apparition de gènes correspondant à de nouvelles fonctions.

Corrigé Bac Blanc 1

Vous avez certainement appris en cours que les gènes dupliqués pouvaient changer de locus (translocation). Attention cependant de ne pas céder à la « tentation » du hors sujet. Il est explicitement dit dans le libellé, que les translocations ne sont pas à traiter.

II. La conservation des innovations génétiques

II.1. Les conditions nécessaires au maintien d'une innovation génétique

Seules les mutations affectant les cellules germinales sont impliquées dans l'évolution. On appelle cellules germinales, les cellules à l'origine des gamètes. Les mutations somatiques, c'est-à-dire affectant toutes les autres cellules, disparaissent avec la mort de l'individu et ne sont pas transmises.

L'accumulation progressive des mutations est à l'origine d'un polymorphisme des séquences d'ADN, c'est-à-dire de l'existence au sein des espèces, de plusieurs séquences correspondant à un même locus.

II.2. La sélection naturelle

Du fait du caractère aléatoire des innovations génétiques, les individus d'une population donnée sont génétiquement différents.

Les individus porteurs d'allèles qui, dans des conditions de milieu données, leur donnent une probabilité plus grande de parvenir à la maturité sexuelle et de contribuer ainsi à leur reproduction, ont une descendance plus nombreuse.

La fréquence des allèles qu'ils portent augmente donc dans cette population au fil des générations.

C'est ce que l'on appelle la sélection naturelle. On peut l'illustrer grâce à l'exemple de la phalène du bouleau étudié en Angleterre.

La sélection naturelle cause des changements non aléatoires dans la fréquence des allèles, cependant elle n'agit pas sur les allèles eux-mêmes !

II.3. L'exemple de la phalène du bouleau

La phalène du bouleau est un papillon dont on connaît deux phénotypes : les formes de couleur blanche et les formes de couleur noire. On peut considérer en simplifiant que ces deux phénotypes résultent de l'existence de deux allèles : N (pour noir) et B (pour blanc).

Les troncs des bouleaux sur lesquels se posent ces papillons étant clairs, les formes de couleur noire se font rapidement repérer par les prédateurs (oiseaux) et sont très minoritaires au sein des populations de phalènes.

L'industrialisation de certaines régions d'Angleterre au XIXe siècle a entraîné le rejet de polluants qui ont noirci les troncs des bouleaux.

Ce sont alors les formes de couleur blanche qui ont été défavorisées, car plus facilement détectables sur les troncs noircis. Les individus porteurs de l'allèle N, favorisés par leur camouflage, pouvaient se reproduire plus facilement et transmettre cet allèle à leur descendance. La fréquence de cet allèle a augmenté au sein de la population au détriment de l'allèle B.

Bien entendu, si le milieu change au cours du temps, c'est-à-dire si, par des mesures antipollution, les troncs des bouleaux redeviennent clairs, les phalènes de couleur blanche, porteurs de l'allèle B vont à nouveau redevenir majoritaires.

D'autres exemples pourraient être pris (drépanocytose et paludisme...), mais celui de la phalène du bouleau est le plus simple et le plus classique. En outre il est souvent délicat de disserter sur la sélection naturelle chez l'homme sans que se glissent involontairement des termes à connotation eugénique..

Ainsi ce sont des événements rares et aléatoires qui se produisent au niveau des génomes qui génèrent de la diversité, et c'est la sélection naturelle qui selon les caractéristiques du milieu, en un endroit donné et à un moment donné, permet la conservation des innovations les plus avantageuses pour les individus qui les portent.
On pourrait maintenant se demander quels sont les mécanismes qui aboutissent à l'apparition d'une nouvelle espèce.

On ne vous en voudra pas de ne pas fournir d'ouverture vers un autre sujet à la fin de votre conclusion, mais le faire, à condition que votre proposition soit judicieuse, peut apporter un petit plus à l'impression générale donnée par votre copie.

PARTIE II - Exercice 1

La mesure du temps dans l'histoire de la Terre et de la Vie

L'erreur serait de confondre pente de la droite et ordonnée à l'origine dans la détermination de l'âge des granites. L'équation des droites fournie permet, en identifiant bien les variables, de déterminer lequel des paramètres dépend effectivement du temps.

Le document est un graphique présentant les rapports isotopiques mesurés à partir d'échantillons de trois granites.
Ces mesures sont utilisées dans la méthode rubidium-strontium afin de dater l'âge de cristallisation des granites. Celui-ci correspond à la date de fermeture du système. Au cours du temps le ^{87}Rb se désintègre en ^{87}Sr. Ainsi le rapport $^{87}Sr/^{86}Sr$ augmente au cours du temps, tandis que le rapport $^{87}Rb/^{86}Sr$ diminue.
Les points obtenus pour chacun des échantillons des trois granites sont alignés. Ils forment deux droites, une pour chaque granite, dont les équations sont fournies.
Une équation de droite est de la forme : $y = ax + b$.
Les variables x et y sont représentées par les deux rapports isotopiques.
Le coefficient directeur a, ou pente, est représenté par l'expression « λ.t » dans laquelle, λ est une constante. Il dépend donc du temps.
Plus l'échantillon prélevé est ancien, plus le coefficient directeur de la droite correspondante sera élevé.
On voit sur le graphique que la droite représentative des échantillons du granite B présente une pente supérieure à celle de la droite représentative du granite A, mais identique à celle représentative du granite C.

B et C ont cristallisé à la même date, mais tous deux avant le granite A.

PARTIE II - Exercice 2 (obligatoire)
Procréation

Chez les Mammifères, il existe un déterminisme chromosomique du sexe de l'individu. Comment, dans le cas de l'effet Free Martin chez les bovins est-il alors possible qu'un embryon femelle, dont le caryotype contient deux chromosomes X, puisse développer un phénotype partiellement mâle ? Pour répondre à cette question, nous étudierons les documents dans l'ordre proposé.

Attention, il est précisé dans la question qu'il faut étudier les documents dans l'ordre proposé ; respectez cette consigne ! En effet l'ordre choisi correspond à une démarche de type expérimental qui permet de retrouver le lien logique qui relie les documents.

Étude du document 1

Le texte du document 1 montre qu'un embryon Free Martin présente une masculinisation de certains organes génitaux alors qu'il s'agit d'une femelle. Ces caractères sexuels primaires (épididyme, cordons séminifères, vésicules séminales, prostate) se développent naturellement chez le mâle sous l'effet d'une hormone sécrétée précocement par les testicules de l'embryon : la testostérone.
L'illustration et certaines informations du texte du document 1 précisent que, au cours d'une gestation gémellaire chez les bovins, il peut se produire une fusion des placentas et des vaisseaux sanguins des deux fœtus. Cela signifie qu'il peut donc y avoir un mélange des sangs des deux embryons. Or c'est justement par le sang que les hormones circulent dans l'organisme et parviennent jusqu'aux organes cibles dont elles modifient l'activité. On peut donc émettre l'hypothèse suivante : la fusion des vaisseaux sanguins des deux fœtus permet aux hormones sexuelles sécrétées par les testicules du fœtus mâle, en particulier la testostérone, de circuler dans l'organisme du fœtus femelle, entraînant chez cette dernière le développement de caractères sexuels mâles.
Les informations des documents suivants permettent-elles de valider cette hypothèse ?

L'hypothèse ci-dessus sera invalidée par les informations des documents suivants. Cependant, il est tout à fait logique, à ce stade de l'étude, de penser que c'est directement la testostérone sécrétée par le fœtus mâle qui est responsable de l'effet Free Martin. Il ne peut vous être reproché de proposer cette explication a priori, bien au contraire, cela montre que vous avez bien compris ce qu'est un raisonnement scientifique.

Étude du document 2

Le document 2 permet de comparer le développement de certaines parties du tractus génital d'un embryon de Free Martin à celui observé chez des embryons mâle et femelle de même âge (60 jours). On peut observer sur ces coupes des canaux appelés canaux de Wolff. Ces canaux, présents lors du stade indifférencié des gonades, régressent chez les femelles et évoluent chez les mâles pour donner les cordons séminifères et les glandes associées. À 60 jours chez les bovins femelles, les canaux de Wolff ne sont, semble-t-il, pas encore régressés, il paraît donc logique d'en trouver aussi chez le Free Martin.
Sur les coupes, on peut observer un deuxième type de canaux : les canaux de Müller. On peut remarquer qu'à 60 jours chez le fœtus de bovin mâle, ainsi que chez le Free Martin, le diamètre des canaux de Müller est plus faible que chez la femelle normale. Chez les femelles, ces canaux se

développent tardivement pour former les trompes et l'utérus ; chez les mâles, au contraire, ils régressent précocement sous l'effet d'une hormone sécrétée par les testicules : l'hormone anti-müllerienne ou AMH.
Si le Free Martin présente une régression des canaux de Müller, on peut donc penser que l'AMH sécrétée par les testicules du fœtus mâle a circulé dans le sang du fœtus femelle et provoqué la régression des canaux de Müller.

Vous avez remarqué sur le document 2 que d'autres structures telles que le rectum et les uretères sont légendées. Ces légendes n'ont été placées que pour préciser la localisation des coupes transversales ; il serait inopportun de vouloir comparer le développement de ces structures car ce ne sont pas des organes génitaux et les conclusions auxquelles vous parviendriez seraient inutiles à la résolution du problème.

Cette conclusion ne valide que partiellement l'hypothèse formulée précédemment. Elle prouve en effet que des hormones sexuelles venant du mâle (l'AMH) peuvent se retrouver dans l'organisme du fœtus femelle et empêcher l'expression normale de son phénotype sexuel. En revanche, elle n'explique pas la présence des caractères sexuels mâles dont le développement est sous le contrôle de la testostérone.
Y a-t-il une relation entre la présence d'AMH et le développement de ces caractères sexuels mâles chez le Free Martin ?

Étude du document 3

Le graphique permet de caractériser l'effet de l'AMH sur l'activité endocrine de l'ovaire du Free Martin.
Un ovaire sans AMH sécrète une grande quantité d'œstradiol qui est une hormone responsable du développement de nombreux caractères sexuels femelles, et une quantité infime de testostérone. Au contraire, en présence d'AMH (cas de la femelle Free Martin), un ovaire synthétise peu d'œstradiol mais une grande quantité de testostérone, presque aussi importante qu'un testicule. Quelle est l'origine de ce phénomène ?
Le texte accompagnant le graphique explique que dans l'ovaire, l'œstradiol est issu de la conversion de la testostérone par une enzyme spécifique, l'aromatase.
Or le graphique montre qu'en présence d'AMH, il se produit une sorte d'inhibition de l'activité de l'aromatase de l'ovaire. Dans ces conditions, à l'image de ce qui se produit dans le testicule, la testostérone synthétisée n'est pas convertie en œstradiol mais sécrétée. Il est très vraisemblable que c'est ce phénomène qui se produit dans l'ovaire du Free Martin sous l'effet de l'AMH provenant du fœtus mâle.

PARTIE II - Exercice 2 (spécialité)

Du passé géologique à l'évolution future de la planète

L'ère quaternaire se caractérise par une alternance de périodes froides, les glaciations, et de périodes plus chaudes dites interglaciaires. Les études de données sédimentaires et isotopiques permettent de dater et d'apprécier l'ampleur de ces oscillations climatiques. À l'aide des documents proposés, nous déterminerons à quel type de variation (refroidissement ou réchauffement) correspondent les événements de Heinrich et quelle a été leur durée.

Même si une introduction n'est pas exigée au baccalauréat en partie II, sachez qu'elle sera toujours appréciée par votre correcteur.

Corrigé Bac Blanc 1

Étude du document 1

Vous remarquerez que l'illustration du document 1 n'apporte pas d'information supplémentaire par rapport au texte. Elle a été conçue comme une aide vous permettant de mieux vous représenter le phénomène décrit. Il est donc inutile de commenter ce schéma.

Le document 1 précise que les carottages effectués au large du Portugal contiennent des sédiments issus du continent nord américain. Cela signifie qu'aux époques correspondant aux événements de Heinrich, des icebergs dérivaient dans l'Atlantique nord à des latitudes beaucoup plus basses qu'à l'heure actuelle.
Le texte précise en outre que la taille de la calotte ayant produit ces icebergs était, d'après Heinrich, très importante («... une énorme calotte de glace... »).
Ces données permettent de penser qu'aux cours des six événements de Heinrich, il faisait particulièrement froid, ce qui a permis le développement d'importantes calottes glaciaires sur le continent nord américain. En effet, au cours d'un refroidissement du climat, la neige accumulée pendant l'hiver sur un continent, ne fond pas pendant l'été et s'accumule au fil des années sous forme de glace, ce qui aboutit à la formation d'une calotte glaciaire permanente, de plus en plus épaisse et étendue. Les icebergs issus des bords de cette calotte peuvent, de plus, dériver sur de très longues distances vers l'équateur s'ils fondent lentement dans un océan froid.

Les événements de Heinrich correspondraient donc à des périodes froides. Cependant, ni l'épaisseur des sédiments (quelques centimètres), ni leur nature, ne nous renseignent sur l'ampleur et la durée de ces éventuels refroidissements. Les données isotopiques apportées par le document 2 permettent-elles de confirmer et de préciser les données sédimentologiques ?

Dans cette question de type 2b, il convient de mettre l'accent sur le fait que les informations des deux documents convergent ; c'est-à-dire qu'elles amènent à la même conclusion et se complètent mutuellement. Il est donc judicieux de rappeler cet objectif dans un petit paragraphe de transition entre l'étude des deux documents.

Étude du document 2

Document 2a

Le document 2a montre que le fractionnement isotopique de l'oxygène au cours du cycle de l'eau permet d'établir une relation simple entre la température de formation de la neige et le $\delta^{18}O$ des molécules d'eau qui la composent. Le graphique montre que plus la température est élevée, plus le $\delta^{18}O$ est important.
Cette information peut être exploitée afin d'interpréter le document 2b.

Document 2b

Le document 2b montre que le $\delta^{18}O$ des glaces de la calotte du Groenland présente de très nombreuses variations. D'après les données du document 2a, ces variations correspondent aux changements de températures ayant affecté le Groenland au cours des derniers 120 000 ans.
Il est possible d'observer sur le graphique deux types de variations : des variations de longues durées et des oscillations très rapides.

La période de temps correspondant aux 10 000 dernières années se caractérise par un $\delta^{18}O$ assez constant et élevé. La température a donc été pendant cette période plutôt élevée et régulière. Cette période correspond en fait à l'épisode interglaciaire dans lequel nous vivons encore à l'heure actuelle.
De – 10 000 à – 120 000 ans environ, le $\delta^{18}O$ de la neige a été, en moyenne, plus faible ce qui correspond à une période froide ; il s'agit de la dernière grande glaciation ayant affecté l'ère quaternaire.
En outre, on remarque au cours de cette période globalement froide, de très nombreuses oscillations du $\delta^{18}O$, d'amplitudes variées, traduisant des variations brutales de la température.

Vous avez vu dans le document 2a que la température de la neige variait de façon proportionnelle à celle du $\delta^{18}O$. Cependant, par souci de rigueur, n'oubliez pas, dans l'étude du document 2b de rappeler que le paramètre mis en ordonnées est bien le $\delta^{18}O$ et non pas la température.

Le graphe montre que les âges des six événements de Heinrich correspondent justement à des périodes de baisse brutale du $\delta^{18}O$ et donc à des chutes de température rapides et de courte durée.
Cette information confirme donc et précise la conclusion que nous avions tirée de l'étude du document 1 : les événements de Heinrich correspondent bien à des épisodes de refroidissement brutal du climat dans la zone géographique correspondant au Canada et au nord de l'Atlantique.
Cependant, il faut remarquer que la plupart des baisses brutales de température enregistrées pendant le dernier épisode glaciaire ne correspond pas à des événements de Heinrich ; ces derniers ne se caractérisent pas non plus par une amplitude particulière de l'oscillation thermique. Les événements d'Heinrich sont donc associés à une chute de la température mais ils ne peuvent être réduits à la variation de ce seul paramètre.

Avant de rédiger votre synthèse, relisez bien la question pour vérifier que les informations clefs que vous allez donner vont bien dans le sens de la question. Dans ce sujet, il s'agit de mettre l'accent sur le fait que les événement de Heinrich ne peuvent être réduits à des oscillations de la température.

Les données sédimentaires du document 1 semblent montrer que les événements de Heinrich correspondent à des périodes de refroidissement de l'Atlantique nord au cours desquelles une importante calotte glaciaire se serait développée sur le Canada.
Les données isotopiques du document 2 confirment cette hypothèse et permettent de préciser que ces périodes de refroidissement ont été brutales c'est-à-dire rapides et de courte durée. Les événements de Heinrich correspondent cependant à des phénomènes particuliers de refroidissement car ils n'accompagnent que quelques-unes des nombreuses oscillations thermiques enregistrées au cours de la dernière grande glaciation. Ils font donc sans doute intervenir des phénomènes plus complexes qu'une simple baisse de la température.

BAC BLANC 2

PARTIE I

Parenté entre êtres vivants actuels et fossiles – Phylogenèse - Évolution

L'évolution des êtres vivants se fait par innovations génétiques successives qui se traduisent au sein de chaque groupe évolutif par l'apparition de caractères dérivés propres. L'espèce humaine n'échappe pas à cette règle ; elle appartient à un groupe évolutif, la lignée humaine (Homininés), dont elle est le seul représentant actuel. Certains fossiles partagent donc avec l'Homme certains caractères dérivés qu'ils ne partagent pas avec les autres Hominidés (Chimpanzé et Gorille par exemple).
Après avoir précisé quels sont ces caractères, nous traduirons sous forme d'un schéma commenté la diversité de la lignée humaine.

I. Les critères d'appartenance à la lignée humaine

En paléoanthropologie, sont définis un certain nombre de caractères, que l'on retrouve chez l'Homme actuel, et qui servent de critères pour déterminer si un fossile peut être considéré comme appartenant à la lignée humaine. Certains critères, en particulier anatomiques, sont liés à la bipédie stricte de l'Homme que l'on ne rencontre pas chez le Chimpanzé. Ce dernier étant l'Hominidé actuel avec lequel nous partageons l'ancêtre commun le plus récent.

Précisons que l'on ne cherche pas si tel ou tel fossile est « l'ancêtre » de l'Homme. On cherche à déterminer s'il présente des caractères qui en font une espèce plus proche de l'Homme que du Chimpanzé. L'erreur classique serait de laisser transparaître dans votre discours l'idée erronée que ces fossiles sont des intermédiaires évolutifs entre le Chimpanzé et l'Homme.

I.1. Caractères directement liés à la bipédie

Ces caractères concernent surtout le squelette dont des éléments appartenant à des Hominidés anciens peuvent être fossilisés.
Chez l'Homme, les membres inférieurs sont plus longs que chez le Chimpanzé, les articulations de la hanche, du genou ainsi que du pied sont parfaitement adaptées à la marche. En particulier, le gros orteil est aligné dans la même direction que les autres orteils.
Le bassin, qui supporte le poids du haut du corps, est court et évasé. Chez les Hominidés non bipèdes, le bassin est plus long.
Chez l'Homme, la colonne vertébrale, globalement verticale, présente en fait une double courbure qui lui permet, par torsion, d'assurer une fonction d'amortissement des chocs dus à la marche. Cette double courbure n'existe pas chez les Hominidés quadrumanes (non bipèdes).
Le trou occipital, voie de passage de la moelle épinière dans la boîte crânienne est situé au centre de la partie inférieure du crâne chez l'Homme car la tête est en quelque sorte en « équilibre » sur la première vertèbre. Chez les Hominidés quadrumanes, ce trou occipital est plus postérieur car la tête est en position avancée.

I.2. Caractères liés de façon indirecte à la bipédie

Chez l'Homme, les membres antérieurs ne sont pas impliqués dans la locomotion ; ils sont relativement courts. Le pouce de la main est très développé et parfaitement opposable aux autres doigts. Cette particularité permet une grande habileté de la préhension.

I.3. Caractères non liés à la bipédie

L'Homme et les Homininés récents se caractérisent aussi par une réduction de la face (faible prognathisme) et une grande capacité crânienne. Celle-ci est en relation avec le développement de l'encéphale qui chez l'Homme présente un volume d'environ 1 500 cm^3 (contre 400 cm^3 chez le Chimpanzé).

II. Histoire évolutive de la lignée humaine

Les Homininés les plus anciens (environ – 6 mA) sont les Australopithèques. Ils présentent déjà les caractères liés à la bipédie mais ont une faible capacité crânienne et un fort prognathisme. La bipédie est donc apparue dans la lignée humaine avant l'augmentation du volume crânien et la réduction de la face. Les paléoanthropologues ont décrit plus d'une dizaine d'espèces différentes du genre *Australopithecus*. Les dernières espèces de ce genre sont datées d'environ – 1,5 mA.
L'augmentation du volume crânien et la réduction de la face est survenue plus tardivement et servent à définir le genre *Homo* qui est apparu il y a environ – 2,5 mA. Là encore, de nombreuses espèces fossiles ont été décrites qui sont pour la plupart contemporaines des Australopithèques.
Cette coexistence de nombreuses espèces appartenant aux deux genres d'Homininés donne à la lignée humaine son caractère « buissonnant ».

Conclusion

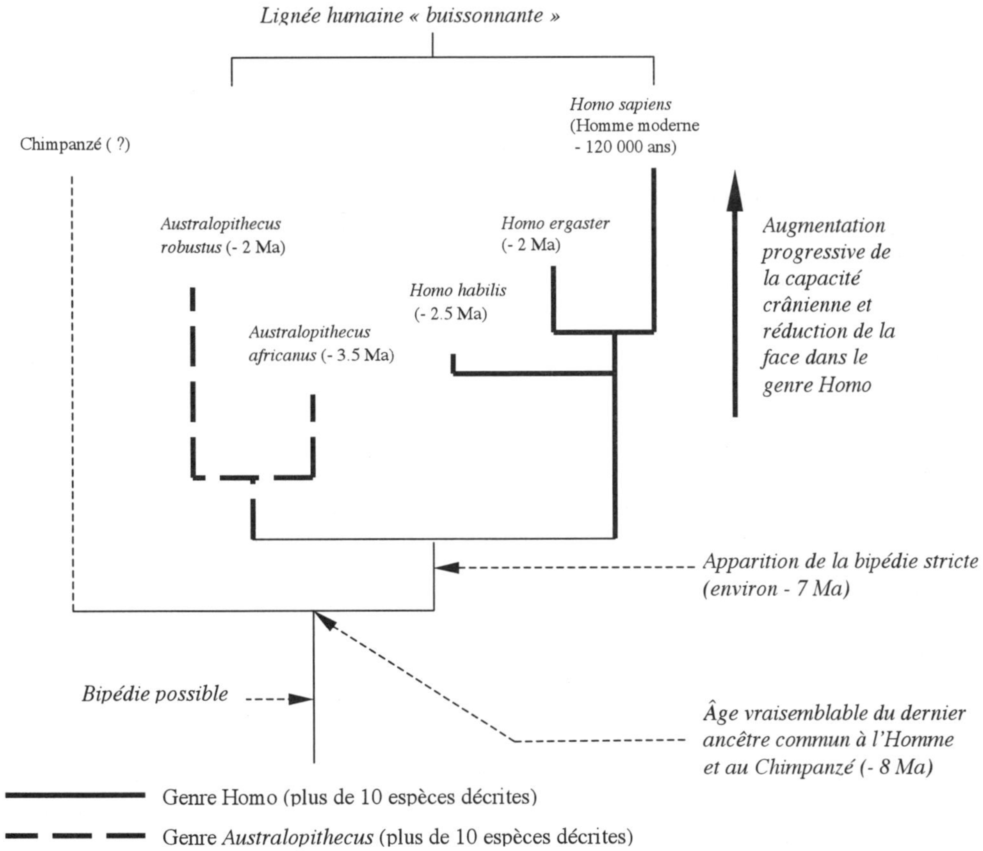

Représentation schématique de la lignée humaine (Homininés) et relation avec la lignée du Chimpanzé.

Le genre humain actuel ne comprend qu'une seule espèce ; elle est la dernière représentante d'un groupe très diversifié qui est apparu il y a environ 7 mA : les Homininés. Par le passé, de nombreuses espèces du genre Homo et d'Australopithèques ont coexisté et cette coexistence donne à la lignée humaine son caractère buissonnant.
Toutes ces espèces ont comme principale caractéristique d'être bipèdes. L'augmentation de la capacité cérébrale et la réduction de la face sont des caractères récents (– 2,5 mA) qui définissent un sous-groupe des Homininés : le genre Homo.
Le schéma ci-dessus traduit les notions développées dans notre devoir.

Un schéma ne vous a pas été explicitement demandé mais vous pouvez prendre l'initiative d'en faire un. Attention cependant au temps que prendra sa réalisation.

D'autres critères tels que l'industrie (fabrication d'outils), le langage articulé, la pensée « symbolique » et ses productions (art, sens du sacré...) peuvent être utilisés pour définir des espèces récentes du genre Homo.

PARTIE II - Exercice 1

La mesure du temps dans l'histoire de la Terre et de la Vie

La carte géologique proposée met en évidence des événements géologiques de nature variée : des formations sédimentaires, des événements tectoniques (failles), magmatique (granite) et métamorphique (auréole de métamorphisme).
Nous allons établir l'ordre chronologique de ces différents événements.

Le sujet précise qu'il faut dater les objets géologiques mentionnés en légende, abstenez-vous donc dans cet exercice d'essayer de dater les différentes phases d'érosion que vous avez peut-être identifiées sur la carte : ces événements ne sont pas évoqués dans la légende.

Événements sédimentaires récents :
Les sédiments récents ne sont affectés par aucun phénomène tectonique ou métamorphique ; leur mise en place est donc vraisemblablement postérieure à tous les autres événements mentionnés.

Événements tectoniques :
Les failles présentes sur la carte recoupent le pluton granitique, les sédiments anciens métamorphisés et les terrains sédimentaires du Trias ; les failles sont donc postérieures à ces formations. En revanche, dans la partie nord de la carte, une faille est recouverte (cachetée) par les sédiments récents ; elle leur est donc antérieure. Or la légende précise que toutes les failles ont le même âge. On en conclut donc que l'épisode tectonique à l'origine des failles est antérieur à la mise en place des sédiments Fz et postérieur à toutes les autres formations géologiques.

Événement magmatique et métamorphisme associé :
La présence du métamorphisme de contact (formant une auréole autour du granite) affectant les sédiments anciens montre que le granite leur est postérieur. En effet, le métamorphisme s'est produit lorsque le magma granitique à très haute température s'est mis en place dans les sédiments.

Sédiments du Trias :
Les sédiments du Trias, qui sont aussi au contact du granite, ne sont pas affectés par l'auréole de métamorphisme. Ces sédiments sont donc postérieurs à la mise en place du pluton et antérieurs aux failles qui les affectent.

La chronologie des événements étudiés sur la carte est donc, du plus ancien au plus récent :
Dépôt de sédiments anciens (K_1G)
Mise en place du granite du Mendic et formation de l'auréole de métamorphisme
Dépôt des sédiments du Trias (t)
Formation des failles
Sédimentation récente (Fz)

PARTIE II - Exercice 2 (obligatoire)
Procréation

On se propose de comprendre, à partir de l'analyse des trois documents, comment la molécule contragestive RU486 agit sur la muqueuse de l'utérus et permet de déclencher des règles et d'expulser un éventuel embryon.

Étude du document 1

On voit que dans le cas des trois lots de lapines, la muqueuse utérine est épaissie. En effet, le traitement à l'œstradiol permet de régénérer la muqueuse utérine après les règles, comme c'est le cas naturellement en phase folliculaire du cycle menstruel.

On voit que dans le cas du lot 1, sans injection de progestérone, l'endomètre ne présente pas d'aspect en dentelle comme c'est le cas du lot 2 traité avec de la progestérone.
En effet, c'est la progestérone produite par le corps jaune qui est responsable de la formation de la dentelle utérine au cours de la phase lutéale. Ceci se produit à condition que l'action des œstrogènes en phase folliculaire aient permis la synthèse des récepteurs spécifiques de cette hormone à la surface des cellules cibles.
Par contre, dans le lot 3, lorsqu'une dose suffisante de RU486 est absorbée (20 $mg.kg^{-1}$), l'endomètre ne présente pas d'aspect en dentelle malgré la présence de la progestérone.

On peut émettre plusieurs hypothèses. Par exemple que la progestérone n'a pas pu agir car ses récepteurs spécifiques n'ont pas été synthétisés à cause de la présence de RU486, ou bien que la progestérone n'a pas pu se fixer sur ces récepteurs.

Dans ce type d'exercice, on cherche à vérifier votre capacité au raisonnement scientifique. N'hésitez donc pas à rédiger des hypothèses intermédiaires en transition entre les paragraphes relatifs à des documents successifs. Il faut bien entendu que les documents qui suivent vous permettent de valider ou d'infirmer ces hypothèses.

Étude du document 2

La présentation du type de document (graphique, tableau...) n'est pas directement associée avec des points du barème, mais le faire vous aide à bien identifier la signification du document, la nature des variables, les unités... et démontre au correcteur que vous possédez une méthode rigoureuse d'analyse des documents.

L'expérience du document 2 est une autoradiographie dont les résultats sont présentés sous forme d'un histogramme affichant la quantité de radioactivité mesurée au niveau de la préparation de muqueuse utérine.
Dans le cas des lots 1 et 2, une quantité équivalente de radioactivité est décelée, indiquant que les deux molécules, RU486 et progestérone, se fixent sur les cellules de l'endomètre.
Il doit donc exister des récepteurs cellulaires à ces deux molécules.

Dans le cas du lot 3, une quantité beaucoup plus faible de radioactivité est mesurée. Cela signifie qu'une quantité plus faible de molécule marquée, ici la progestérone, s'est fixée sur les cellules de l'endomètre, par rapport à celle du lot témoin 2.
Or à la différence du lot 2, une injection préalable de RU486 avait été effectuée. C'est cette présence de RU486 qui a empêché la fixation de progestérone sur les récepteurs. Comme on a vu que RU486 pouvait se fixer sur des récepteurs des cellules de l'endomètre, on peut penser que les récepteurs fixant RU486 sont les mêmes que ceux fixant la progestérone. Ainsi la fixation préalable de RU486 sur les récepteurs a pu empêcher celle de la progestérone, les sites de fixation étant déjà occupés.

Ceci nous permet de confirmer la deuxième hypothèse que l'on a formulée à la fin de l'étude du document 1.
Mais comment expliquer que RU486 se fixe sur des récepteurs spécifiques de la progestérone ?

Vous pouvez également rédiger des transitions sous forme de question.

Étude du document 3

Le document 3 nous présente les représentations tridimensionnelles des deux molécules étudiées.
On observe que les deux molécules ont une formule développée et une forme tridimensionnelle très proches. Seuls deux groupements semblent différer entre les deux molécules.
Cette proximité des deux conformations permet d'expliquer que RU486 soit à même de se fixer sur les récepteurs spécifiques de la progestérone. Comme RU486 n'a pas les effets de la progestérone lorsqu'elle se fixe sur les cellules cibles, on peut la qualifier de molécule antagoniste de la progestérone.

Même si le terme « antagoniste » n'est pas exigible au baccalauréat, n'hésitez pas à l'utiliser dans le cas présent car il est tout à fait adapté.

Synthèse

On peut désormais proposer une solution au problème posé.
L'absorption de RU486 entraîne la fixation de cette molécule sur les récepteurs de la progestérone, empêchant cette dernière d'agir. Or on sait qu'en cas de grossesse, c'est la progestérone produite par le corps jaune qui permet le maintien de l'endomètre et l'absence de menstruations.
La présence de RU486 empêche cette action. Tout se passe comme si le taux de progestérone était faible, ce qui se produit normalement en fin de cycle sans grossesse, et provoque le déclenchement des règles et donc l'expulsion d'un éventuel embryon.

Un schéma explicatif de synthèse peut être le bienvenu pour terminer votre exposé. Attention cependant au temps que vous mettrez à le réaliser car il n'est pas exigé.

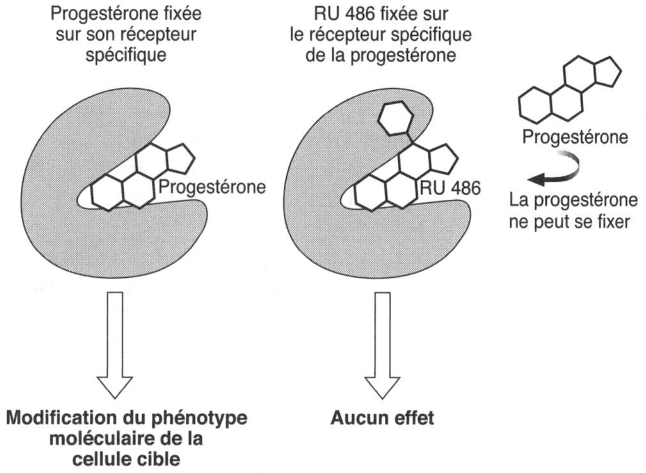

Mode d'action du RU486 : fixation de la molécule sur le récepteur spécifique de la progestérone des cellules de l'endomètre.

PARTIE II - Exercice 2 (spécialité)

Diversité et complémentarité des métabolismes

On va montrer que les levures sont capables d'adapter leur métabolisme aux conditions d'oxygénation du milieu selon deux types de métabolisme.

Dans cet exercice, les documents se complètent. Il est peu judicieux de les étudier successivement. On privilégie un plan basé sur la disponibilité de l'oxygène au cours de l'expérience relatée dans le document 1. Les informations des deux autres documents permettent d'expliquer les variations observées sur le graphe. Les connaissances viennent compléter le tout.

Le métabolisme des levures observé dans la première partie du graphe du document 1

En début d'expérience, la concentration en dioxygène est maximale. Le milieu est parfaitement oxygéné.
Au cours du temps, cette concentration ne cesse de diminuer. Les levures consomment le dioxygène dissous dans le milieu de culture.
En parallèle, la concentration de dioxyde de carbone augmente dans le milieu. Seules les levures peuvent être à l'origine de ce dégagement.

La première équation chimique du document 3, montre que la consommation de dioxygène est liée à la respiration cellulaire. C'est cette voie métabolique qui permet de produire de l'énergie chimique directement utilisable sous forme d'ATP à partir de l'énergie chimique potentielle contenue dans les molécules de glucose. Il s'agit d'une dégradation complète du glucose par oxydation. Celle-ci se déroule en plusieurs étapes que le document 2 peut nous aider à localiser.

Le document 2 nous présente l'ultrastructure cellulaire des levures dans un milieu oxygéné. Le cytoplasme de ces levures contient des organites dont la légende nous précise qu'il s'agit de mitochondries.
Or on sait que les étapes de décarboxylations oxydatives à partir du pyruvate et l'étape d'oxydation par le dioxygène, se déroulent dans les mitochondries.
La présence de mitochondries confirme que les levures, en présence de dioxygène, sont capables d'oxyder le glucose par processus respiratoire.

Le métabolisme des levures observé dans la seconde partie du graphe du document 1

Lorsque la concentration en dioxygène devient très faible, on observe l'apparition d'éthanol dans le milieu. Sa concentration ne cesse d'augmenter jusqu'à la fin de l'expérience.
En parallèle, la concentration en dioxyde de carbone continue d'augmenter.
Ces deux faits permettent d'affirmer au regard de la deuxième équation du document 3 que les levures se sont mises à réaliser la fermentation alcoolique.
Il s'agit d'une oxydation incomplète à partir du glucose, qui produit un déchet organique, résidu du glucose non totalement oxydé lors du processus de dégradation. Ce déchet se retrouve ici sous forme d'éthanol.
Cette fermentation permet un renouvellement de l'ATP autorisant la cellule à vivre sans dioxygène.
Cependant, le document nous montre que ce renouvellement est peu efficace puisqu'il ne régénère que 2 ATP par molécule de glucose par rapport aux 36 ATP obtenus par la voie de la respiration.
Le document 2 nous montre que des levures cultivées en l'absence de dioxygène ne possèdent plus de mitochondries.
Ceci confirme que la voie respiratoire n'est plus possible. Seule la fermentation, qui se déroule à partir d'enzymes contenues dans le hyaloplasme, l'est.

Synthèse

Ainsi lorsque le milieu est riche en dioxygène, les levures régénèrent leur ATP à partir de substrats organiques qu'elles dégradent complètement par oxydation grâce aux molécules de dioxygène et aux enzymes contenues dans les mitochondries.

Lorsque l'oxygène vient à manquer, les levures sont capables de vivre en réalisant la fermentation alcoolique, qui leur permet de régénérer un peu d'ATP en dégradant de façon incomplète les substrats organiques tels que le glucose. Cependant, cette voie, qui se déroule à l'intérieur du hyaloplasme, est bien moins efficace et rentable en terme énergétique.
Si la concentration en dioxygène redevient suffisante dans le milieu, les levures privilégient la voie respiratoire.

BAC BLANC 3

PARTIE I

La convergence lithosphérique et ses effets

La théorie de la tectonique des plaques nous enseigne que la lithosphère océanique prend naissance au niveau des dorsales océaniques grâce à des processus magmatiques, puis après avoir divergé pendant des millions d'années, disparaît par subduction au niveau des fosses océaniques.
Ces zones sont caractérisées par un magmatisme important, différent de celui des dorsales.
Comment expliquer l'origine de ce magmatisme ?
C'est à cette question que l'on va tenter de répondre en étudiant la roche à l'origine des magmas, puis les conditions amenant à la fusion de cette roche.

Lorsque le plan est suggéré par la formulation de la question, il est préférable de le suivre. C'est autant de temps de réflexion gagné et cela élimine le risque de produire un plan qui ne satisferait pas le correcteur.

I. La localisation de la zone de fusion

Le volcanisme caractéristique des zones de subduction se trouve en surface, à une distance de quelques centaines de kilomètres de la fosse.
La roche source se trouve à l'aplomb de ces volcans, en profondeur à proximité de la limite lithosphère-asthénosphère, mais au-dessus du plan de Bénioff. On peut rappeler que cette limite est une limite physique et non chimique, représentée par l'isotherme 1 200 °C, caractérisée par une plus grande ductilité de la roche constitutive du manteau : la péridotite.

La limite lithosphère-asthénosphère, point important du programme de première S réinvesti en terminale S, peut être définie selon différents critères. Celui de l'isotherme 1 200 °C n'est pas forcément exigible compte tenu du programme officiel, mais il est commode pour situer cette limite.

La péridotite est une roche constituée principalement d'olivine et de pyroxène. Des analyses chimiques montrent que les magmas produits au niveau de ces zones proviennent d'une fusion partielle de cette péridotite.
Notons que d'autres roches issues des croûtes peuvent éventuellement être fondues et mélangées (assimilées) par les magmas remontant en surface. Ainsi, la composition chimique des roches magmatiques de zone de subduction est plus complexe que celle des rides océaniques, où la fusion se fait à une plus grande proximité de la surface.

Cependant, le gradient géothermique modéré observé au niveau des zones de subduction ne permet pas à lui seul d'expliquer la fusion partielle de la péridotite. Comment se fait-il que la péridotite fonde ?

II. L'origine de la fusion partielle

Des expériences montrent que l'hydratation de la péridotite, en abaissant sa température de fusion, lui permet de fondre partiellement dans les conditions de pression-température rencontrées dans les zones de subduction.
D'où provient l'eau ?

II.1. L'hydratation de la lithosphère

Au cours de sa divergence, la lithosphère océanique subit des transformations minéralogiques. En effet, le refroidissement de celle-ci, associé à la présence d'eau, place les minéraux dans des conditions de pression-température très différentes de celles de leur formation par cristallisation. Ceci rend possible les réactions chimiques du métamorphisme.
Ainsi le plagioclase et le pyroxène contenus dans les gabbros, en présence d'eau, peuvent donner naissance à des amphiboles (hornblende, actinote) et des chlorites. Tous ces minéraux sont dits hydratés, car ils ont incorporé des molécules d'eau dans leur structure minéralogique. On dit que la lithosphère ainsi transformée se trouve dans le faciès « schistes verts ».

II.2. La déshydratation de la lithosphère océanique et l'hydratation du manteau

Lors de l'enfoncement de la lithosphère océanique par subduction, les minéraux sont soumis à une élévation rapide de la pression. De nouvelles transformations chimiques du métamorphisme peuvent alors se produire.
La chlorite et les plagioclases réagissent pour donner du glaucophane (autre variété d'amphibole mais moins hydratée) et de l'eau. Les roches sont alors dans le faciès « schistes bleus ».
Si la pression et la température continuent d'augmenter, la lithosphère passe dans le faciès « éclogite », caractérisé par l'apparition de deux minéraux anhydres, la jadéite et le grenat. Ces dernières transformations s'accompagnent également d'une déshydratation progressive.

Ainsi, au fur et à mesure de son enfoncement, la lithosphère océanique se déshydrate, donc libère de l'eau qui vient hydrater les roches du manteau.
Cette hydratation rend possible la fusion de la péridotite, de laquelle vont prendre naissance les magmas à l'origine des laves andésitiques en surface et des massifs de granodiorite et diorite en profondeur.
Ces magmas, en surchauffant les roches de la croûte continentale chevauchante, peuvent également entraîner une fusion. Cette fusion partielle est à l'origine de magmas granitiques, plus riches en silice, comme en atteste la présence de quartz dans les laves rhyolitiques en surface.

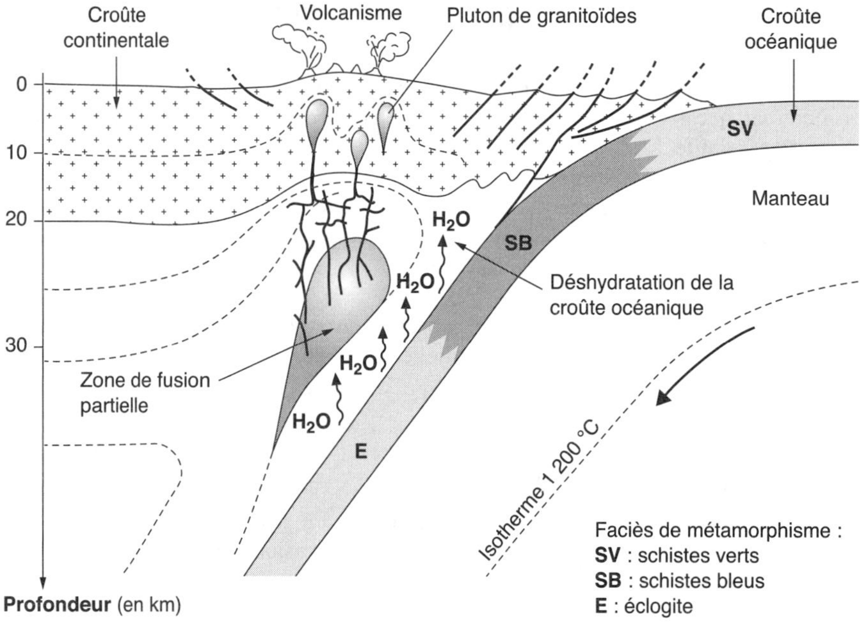

Ainsi, ce sont les transformations chimiques du métamorphisme qui, libérant de l'eau à partir de la lithosphère subduite, sont à l'origine de la fusion partielle des péridotites du manteau d'où provient le magma.

PARTIE II - Exercice 1

Immunologie

Montrons que la sérovaccination permet d'intervenir dans la prévention contre le tétanos à la fois à court et long terme.

La présentation du type de document (graphique, tableau...) n'est pas directement associée avec des points du barème, mais le faire vous aide à bien identifier la signification du document, la nature des variables, les unités... et démontre au correcteur que vous possédez une méthode rigoureuse d'analyse des documents.

Le document proposé est un graphe présentant deux courbes. La première représente la concentration plasmatique en immunoglobulines (anticorps) anti-toxine tétanique suite à l'injection de sérum, l'autre la concentration plasmatique en anticorps anti-toxine tétanique suite à l'injection de la toxine tétanique, servant d'antigène, rendue non pathogène, tout cela en fonction du temps.

D'après le texte de présentation, la prévention contre le tétanos revient à mettre en œuvre des mesures capables de neutraliser la toxine tétanique.

Sur le court terme, on observe que la concentration en anti-toxine tétanique augmente très rapidement. Elle est due à l'injection de molécules d'anticorps. D'après le graphe, cette concentration correspond à la zone de protection et est donc suffisante pour neutraliser la toxine tétanique. Cependant, au bout d'une semaine, cette concentration se met à diminuer, et la protection n'est plus assurée au bout de trois semaines après l'éventuelle contamination. L'organisme élimine progressivement les molécules d'immunoglobulines qu'il a reçues lors de l'injection.

Au contraire, l'injection de toxine non pathogène (vaccination) ne permet d'atteindre la zone de protection qu'au bout de deux semaines après la contamination. Ceci serait insuffisant pour protéger l'individu si l'injection de sérum n'avait pas été pratiquée auparavant.
Cependant la concentration en anticorps stagne au bout de trois semaines. Comme l'injection ne contenait pas d'anticorps, ceux-ci ont été produits par l'organisme de l'individu vacciné.
Une seconde injection se traduit par une nouvelle augmentation de la concentration en anticorps plus rapide que la première. L'organisme a donc réagi à la seconde injection en produisant rapidement et massivement des anticorps spécifiques anti-toxine.
Le même phénomène se produit pour la troisième injection. On peut ainsi penser que si une nouvelle contamination se produisait, l'organisme réagirait en produisant rapidement et massivement des anticorps anti-toxine tétanique, permettant d'éviter la maladie du tétanos. Ceci traduit l'existence d'une mémoire immunitaire qui assure une protection sur le long terme.

Ainsi, la pratique de la sérovaccination assure par l'injection directe d'anticorps une protection immédiate mais de courte durée et par l'injection d'antigène, une stimulation de la mémoire immunitaire qui protège sur le long terme contre d'éventuelles nouvelles contaminations.

PARTIE II - Exercice 2 (obligatoire)

Parenté entre les êtres vivants actuels et fossiles - phylogenèse - évolution

En phylogenèse, on cherche les relations de parenté entre des espèces en étudiant divers caractères. En nous appuyant sur des données anatomiques et moléculaires, nous chercherons à établir le degré de parenté qui existe entre trois espèces actuelles : le Thon, l'Homme et le Rorqual et à retrouver les dates d'apparition des groupes zoologiques auxquels ils appartiennent.

Même si une introduction n'est pas exigible dans les exercices de question 2, elle sera toujours appréciée par le correcteur qui vous lira si elle est concise et qu'elle annonce le plan adopté.

Étude du document 1 : données anatomiques

Ce document montre les pièces squelettiques du membre antérieur de quatre espèces. Cherchons à établir des groupes évolutifs en regroupant les espèces partageant de façon exclusive les mêmes pièces anatomiques.

Il faut vous limiter dans votre étude aux structures qui sont légendées et que vous retrouvez chez plusieurs espèces (humérus, radius, cubitus, main). Par exemple, n'essayez pas d'établir un lien de parenté sur la présence des rayons visibles sur les nageoires d'Eusthenopteron et du Thon : aucune information ne permet de penser qu'ils correspondent à un caractère homologue.

On remarque que l'Eusthenopteron, l'Homme et le Rorqual ont en commun un humérus, un radius et un cubitus que ne possède pas le Thon. On peut donc considérer que l'Eusthenopteron, l'Homme et le Rorqual sont les descendants d'une espèce ancestrale (chez laquelle existait déjà ces structures) qui est plus récente que l'ancêtre que ces espèces partagent avec le Thon.
Au sein du groupe zoologique ainsi défini, il est possible de préciser les liens de parenté entre les trois espèces. En effet, l'Homme et le Rorqual partagent de façon exclusive un autre caractère anatomique : la main. Ces deux espèces appartiennent ainsi à un sous-groupe dont est exclu l'Eusthenopteron ; ils partagent donc un ancêtre commun plus récent que l'ancêtre commun aux trois espèces.

Il arrive que dans des exercices sur la phylogenèse, des candidats « tentent » d'introduire des termes précis de classification tels que ordre, famille, genre... Abstenez-vous car vous avez toutes les chances de tomber à côté du terme adapté. Utilisez plutôt le terme général de « groupe » (zoologique ou évolutif).

Les données anatomiques du document 1 valident donc les positions relatives des trois vertébrés actuels et de l'Eusthenopteron sur l'arbre phylogénétique proposé : l'Homme et le Rorqual sont des espèces plus proches entre elles qu'elles ne le sont de l'Eusthenopteron et ces trois espèces sont plus proches entre elles qu'elles ne le sont du Thon.
Les relations de parenté entre les trois espèces actuelles sont-elles confirmées par les données moléculaires du document 2 ?

Étude du document 2 : données moléculaires

Les trois espèces étudiées possèdent de la β-globine. Cette protéine est un caractère homologue c'est-à-dire hérité d'un ancêtre commun aux trois espèces.

On constate que deux acides aminés diffèrent entre la portion de β-globine humaine et celle du Rorqual alors que 14 acides aminés diffèrent entre la portion de β-globine du thon et celle de l'Homme ou celle du Rorqual. Ces différences correspondent à des différences dans la séquence en nucléotides du gène de la β-globine, elles-mêmes dues à des mutations qui se sont produites au cours du temps dans les trois lignées évolutives.
Une erreur classique consiste à décrire les différences entre protéines homologues comme le résultat de mutations ayant affecté ces protéines. Attention ! Les mutations ne se produisent pas sur les protéines ; elles affectent les gènes codant pour les protéines.

Les mutations se faisant de façon aléatoire, le nombre de différences entre deux espèces augmente avec le temps qui sépare ces espèces de leur dernier ancêtre commun. Ainsi, on peut dire que le temps qui sépare le Rorqual et l'Homme de leur dernier ancêtre commun est plus court que le temps qui les sépare du dernier ancêtre qu'ils partagent avec le Thon. Les données moléculaires confirment donc les liens de parenté établis à partir des données anatomiques.

De quand date la divergence entre les groupes auxquels appartiennent ces espèces ?
Pour répondre à cette question, il est nécessaire d'intégrer dans notre étude des données paléontologiques.

Étude du document 3 : Données paléontologiques

D'après le document, le groupe auquel appartient le Rorqual existait déjà avec *Ambulocetus* il y a 50 millions d'années et celui auquel appartient l'Homme (les Primates) était déjà présent il y a 70 millions d'années avec *Purgatorius*. On peut donc dire que la divergence évolutive de ces deux groupes s'est produite avant – 70 Ma.
L'Eusthenopteron est l'espèce la plus ancienne chez laquelle on a retrouvé un membre comprenant un humérus, un radius et un cubitus. On a vu précédemment que la présence d'une main était un caractère dans son état dérivé apparu plus tard. Il est donc logique de considérer que l'ancêtre commun le plus récent des cétacés et des primates (et « doté » d'une main) soit plus récent que – 370 Ma.

Le groupe du Thon a, comme nous l'avons vu à l'aide du document 1, divergé très tôt du groupe auquel appartiennent l'Eusthenopteron, l'Homme et le Rorqual. Le document 3 nous montre qu'il existait déjà il y a 420 Ma avec Andreolepis. Ce groupe des actinoptérygiens est donc apparu avant – 420 Ma.

Remarque : *Prenez garde de ne pas assimiler les espèces aux groupes auxquels ils appartiennent. Par exemple, s'il est vrai que les actinoptérygiens existent depuis longtemps, il serait en revanche faux de penser que le Thon est une espèce très ancienne ou pire « peu évoluée » (ce qui sous-entendrait que les innovations génétiques ont bizarrement épargné sa lignée).*

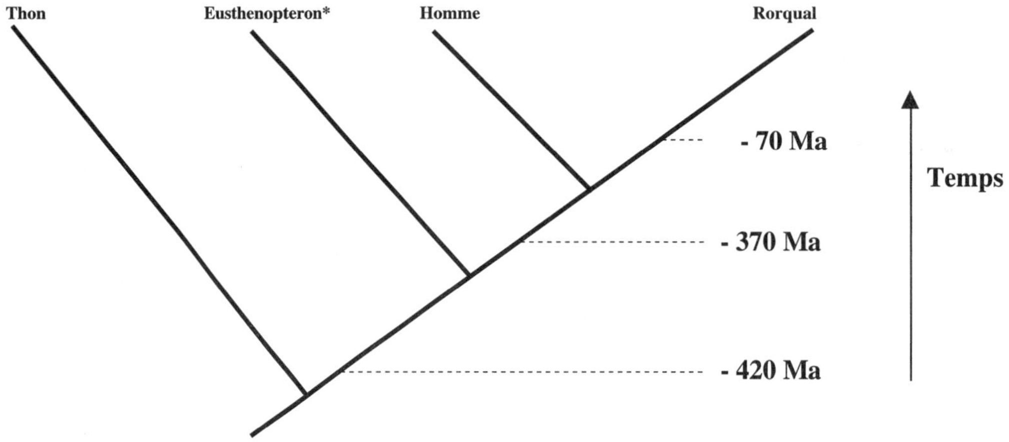

Arbre phylogénétique de quelques vertébrés (= espèce fossile).*

PARTIE II - Exercice 2 (spécialité)

Des débuts de la génétique aux enjeux actuels des biotechnologies

Il est possible à l'heure actuelle, de pratiquer un diagnostic antenatal de certaines maladies génétiques. Dans le cas qui nous est proposé, une femme, madame X, craint que son futur enfant soit atteint par une forme de myopathie dont certains membres de sa famille sont atteints.
Après avoir déterminé si cette crainte est justifiée, nous analyserons les résultats du test pour l'enfant à naître.

Dans le libellé, il n'est pas imposé d'ordre d'étude des documents. Cependant, nous vous conseillons, dans un tel cas, d'essayer d'abord une démarche qui fasse se succéder les documents dans leur ordre de présentation. Les sujets de baccalauréat ne comportent jamais de pièges destinés à déstabiliser les candidats.

Étude du document 1 : Transmission de la maladie dans la famille de Madame X

Madame X a un frère (II1) et un oncle (I1) atteints par la maladie. Ces antécédents familiaux permettent-ils de penser que Madame X puisse être porteuse d'un allèle muté et qu'elle le transmette à son fils ?
Le document 1b précise que le gène impliqué dans la maladie est placé sur la partie spécifique du chromosome X et que les allèles morbides sont récessifs sur l'allèle normal. Les hommes, qui n'ont qu'un seul chromosome X, n'ont qu'un exemplaire du gène et sont nécessairement malades si l'allèle qu'ils possèdent est muté.
C'est le cas pour l'individu II1 de l'arbre généalogique et le X porteur de l'allèle morbide lui a été transmis par sa mère (I4). On sait que les femmes ont deux chromosomes X dans leur caryotype, on peut donc avoir des femmes non myopathes mais porteuses d'un allèle morbide à l'état hétérozygote ; c'est donc le cas pour l'individu I4.
En outre, Madame X a, en termes de probabilités, une chance sur deux d'avoir hérité de l'allèle morbide de sa mère.
À l'issue de l'étude des documents 1a et 1b, on peut donc dire que la crainte de Madame X est fondée : elle présente un risque d'être hétérozygote pour un allèle morbide et peut avoir un enfant malade si elle lui transmet cet allèle. En effet, l'enfant attendu étant un garçon, le seul allèle du gène de la dystrophine qui s'exprimera dans son phénotype sera celui hérité de sa mère.

Si, en termes de probabilités, le risque est avéré, en revanche, seul un test génétique permet de savoir si Madame X est effectivement porteuse de l'allèle morbide et, de même, il faut réaliser un test antenatal pour savoir si son fils sera atteint.

Étude des documents 2 et 3 : Méthode utilisée et résultats obtenus

Le document 2 présente le principe du test génétique utilisé mais il serait inutile de vouloir l'étudier pour lui-même. Mieux vaut exploiter les différentes informations qu'il apporte au fur et à mesure des besoins lors de l'interprétation du document 3.

Le document 3 montre le résultat obtenu par la méthode de Southern. D'après les informations du document 2, on peut dire que chaque bande correspond à une partie du gène appelée exon. Le document 1 précisait que les allèles mutés comportaient une délétion ; une personne saine doit donc avoir une bande correspondant à chacun des exons sondés.
L'individu II1, malade, n'a pas de bande correspondant à l'exon 47. On peut donc dire que la mutation qui caractérise son allèle du gène de la dystrophine est une délétion de l'exon 47.
Chez sa mère, l'individu I3, l'exon 47 est présent mais sous forme d'une bande de faible intensité. Comment expliquer ce phénomène ?
Le document 2 précise que l'intensité d'une bande varie en fonction du nombre de sondes ayant pu se fixer sur un échantillon d'ADN. Cela signifie que si un individu est une femme, ayant donc deux exemplaires du gène de la dystrophine, deux fois plus de sondes pourront se fixer sur son ADN que si c'est un homme (qui ne possède qu'un seul exemplaire du gène).
Chez l'individu I3, on constate la présence de bandes de forte intensité pour tous les exons sauf le 47. Cela confirme qu'elle est bien hétérozygote pour l'allèle muté : l'un de ses gènes possède tous les exons, l'autre présente une délétion de l'exon 47.
En appliquant le même raisonnement, il est possible d'interpréter les autres tests génétiques :
la sœur de Madame X (II2) ne présente que des bandes de forte intensité ; elle possède donc deux exemplaires de chaque exon ; elle est homozygote pour l'allèle normal.
Le mari de Madame X (II4) ne possède que des bandes de faible intensité donc un exemplaire de chaque exon ; ce qui est normal car, comme tous les hommes, il n'a qu'un seul exemplaire du gène de la dystrophine.
Le résultat de Madame X est identique à celui de sa mère ; elle est donc porteuse d'une délétion de l'exon 47 ; elle est hétérozygote pour l'allèle muté.
Quant au fœtus, il possède une bande de faible intensité pour tous les exons, y compris l'exon 47, étant un garçon ; ce test montre qu'il a hérité de l'allèle normal de sa mère : il ne sera pas atteint par la myopathie de Becker.

L'interprétation de l'intensité des bandes est assez difficile. Cependant vous pouvez arriver à déterminer le génotype de Mme X et du fœtus de façon plus directe en les comparant à celui d'autres individus testés : le profil génétique de Mme X est identique à celui de sa mère (dont on sait qu'elle est hétérozygote) et celui du fœtus identique à celui de son père (qui n'est pas malade).

Bilan

L'étude de l'arbre généalogique de Madame X nous a montré qu'elle présentait un risque statistique d'avoir un enfant malade.
Les résultats des tests génétiques montrent qu'elle est en effet porteuse à l'état hétérozygote de l'allèle morbide mais qu'elle ne l'a pas transmis à son fils.

BAC BLANC 4

PARTIE 1

Stabilité et variabilité des génomes et évolution

La reproduction sexuée permet à la fois la conservation du caryotype et du génome caractéristiques des espèces mais aussi le brassage des allèles par recombinaison génétique.
C'est au cours de la formation des cellules reproductrices, pendant la méiose, que se réalise ce phénomène de recombinaison.
Il existe en réalité deux mécanismes de recombinaison affectant les gènes de façon différente selon qu'ils sont ou non portés par la même paire de chromosomes.
Nous étudierons tout d'abord le cas des allèles de deux gènes *A* et *B* liés (c'est-à-dire portés par la même paire de chromosomes) puis nous verrons comment ces derniers peuvent se recombiner avec les allèles d'un gène *C* porté par une autre paire de chromosomes.

Dans ce sujet, essayez de traiter les deux formes de brassage de façon indépendante l'une de l'autre. Il ne s'agit en aucun cas d'envisager toutes les recombinaisons possibles entre les allèles des trois gènes.
D'autre part des codes précis vous sont imposés pour désigner les allèles et les gènes ; vous devez les utiliser.

I. Recombinaison de gènes liés : le brassage intrachromosomique

Considérons un individu hétérozygote pour les deux gènes *A* et *B*. La représentation du génotype de cet individu peut se faire de la façon suivante :

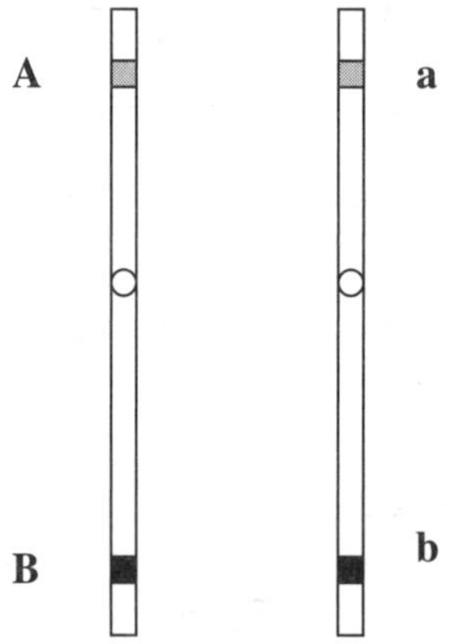

Représentation du génotype de l'individu hétérozygote pour les gènes A *et* B.

Le mécanisme de recombinaison des gènes liés se produit au cours de la prophase de 1re division de méiose. Au cours de cette phase, les chromosomes homologues (dupliqués) s'associent pour former des bivalents et leurs chromatides s'entrecroisent. Ces croisements sont appelés chiasmas. Il peut alors se produire des échanges de fragments homologues entre les chromosomes ainsi appariés. Ces échanges équilibrés de matériel chromosomique sont appelés crossing-over. Si un crossing-over se produit entre les loci des deux gènes *A* et *B* considérés dans notre exemple, des associations nouvelles des allèles apparaissent sur les chromatides dites « recombinées » (voir schéma page suivante).

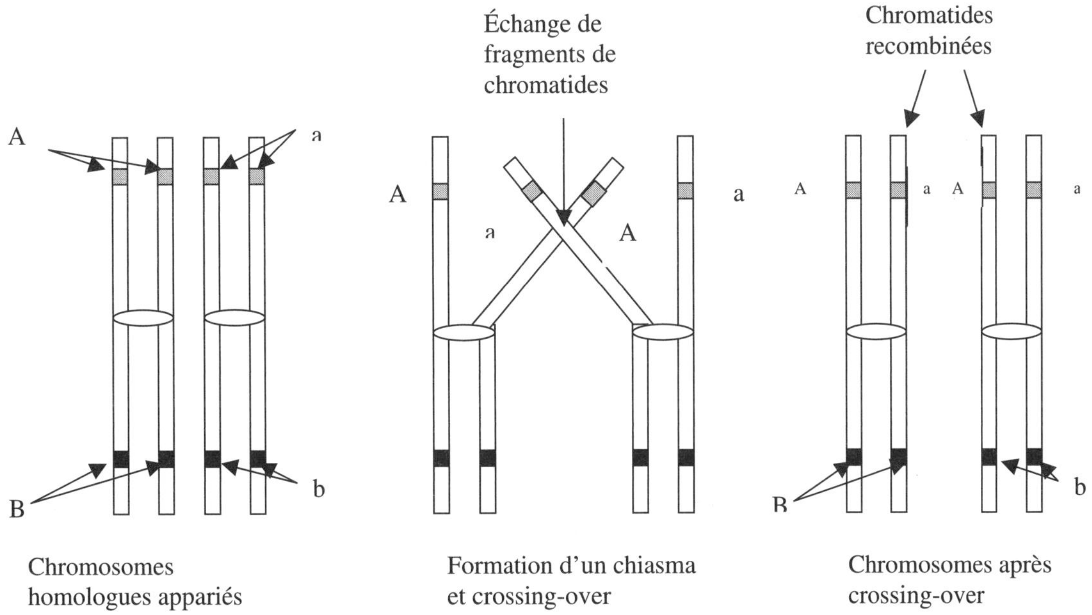

Représentation schématique du phénomène de crossing-over en prophase de 1re division de méiose.

II. Mécanisme de recombinaison des gènes indépendants : le brassage interchromosomique

Le génotype de l'individu hétérozygote pour les gènes *A, B* et *C* peut se représenter de la façon suivante :

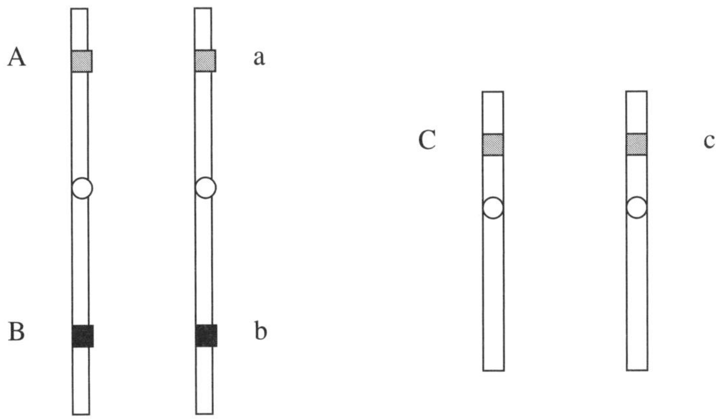

En métaphase de première division de méiose, les paires de chromosomes homologues se placent sur le plan équatorial de la cellule, les centromères des chromosomes étant situés de part et d'autre de ce plan. Cette orientation des bivalents sur le plan équatorial se faisant de façon aléatoire, il y a, en anaphase, équiprobabilité qu'un chromosome donné migre vers un pôle ou l'autre de la cellule. Ainsi, pour les gènes considérés dans notre exemple, les deux figures de métaphase suivantes sont équiprobables.

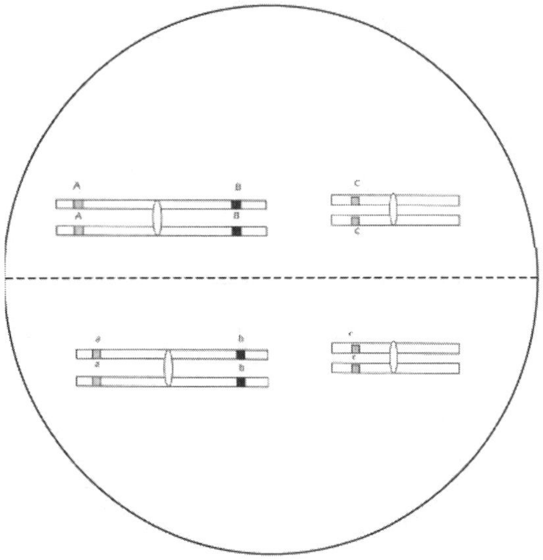

1er cas possible d'association d'allèles d'un côté et de l'autre du plan équatorial en métaphase I

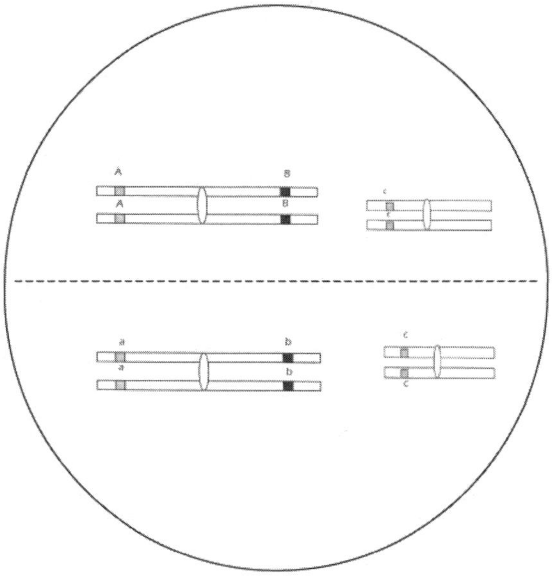

2ème cas possible d'association d'allèles d'un côté et de l'autre du plan équatorial en métaphase I

Ainsi, dans les gamètes issus de cette méiose, il y a autant de chance que l'allèle c soit associé à l'allèle b ou a qu'à l'allèle B ou A. Ce mécanisme de recombinaison des allèles de gènes indépendants (gènes portés par des paires de chromosomes différents) se nomme brassage interchromosomique des gènes.

Le schéma suivant montre comment, à l'issue de la méiose, peuvent se former des gamètes présentant des associations originales d'allèles. Tous les cas possibles n'ont pas été envisagés mais ceux qui sont représentés impliquent les phénomènes de brassage inter et intrachromosomiques expliqués précédemment.

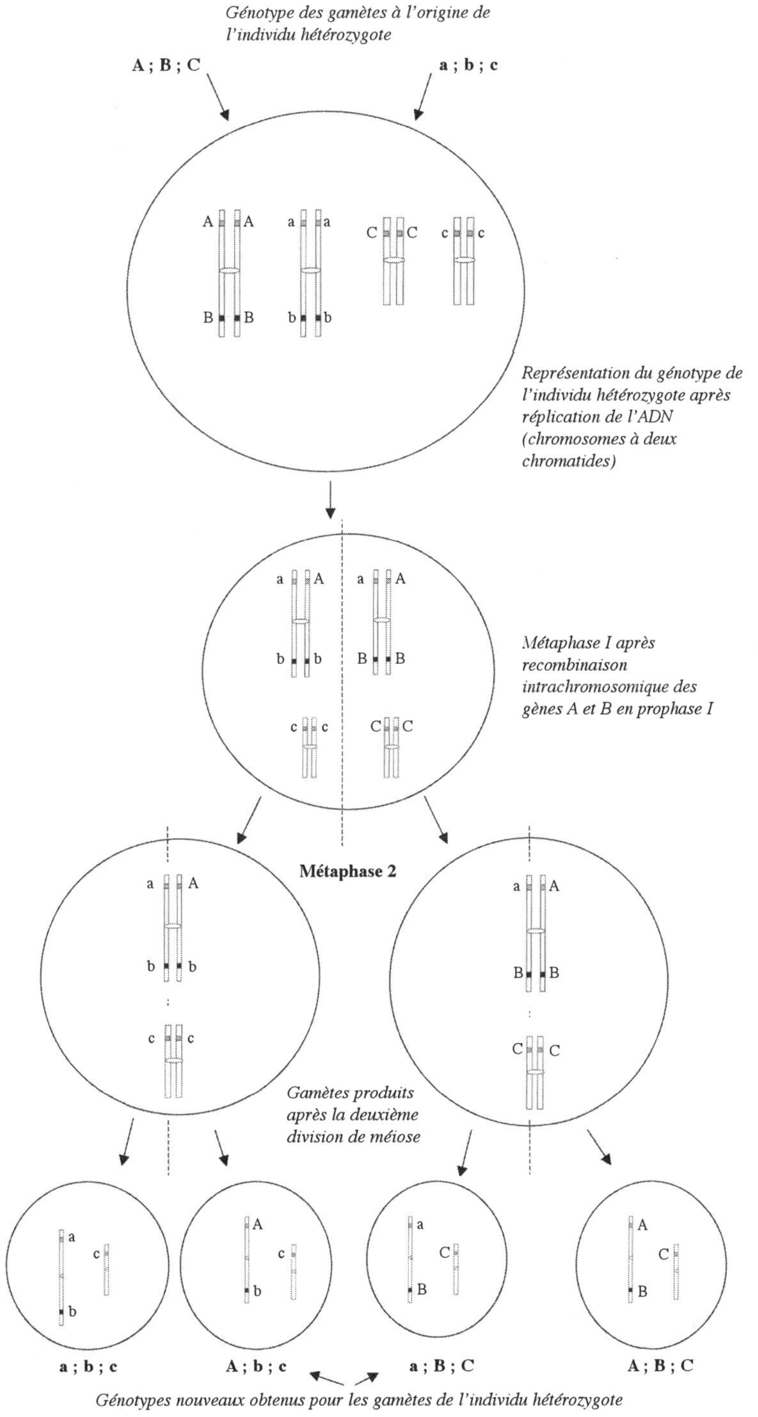

Outre les phénomènes de brassage génétique en relation avec la reproduction sexuée, d'autres phénomènes tels que les mutations participent aussi à la diversité du génotype des individus d'une espèce.

Corrigé Bac Blanc 4

PARTIE II - Exercice 1

Parenté entre les êtres vivants actuels et fossiles - Phylogenèse - Évolution

Dans le problème donné, deux questions sont posées. Tâchez de les traiter en découpant votre réponse en deux parties distinctes qui « colleront » au mieux au barème que suivra votre correcteur.

Le document proposé est un arbre phylogénétique qui représente les relations de parenté entre différentes espèces (en l'occurrence des Vertébrés). Sur cet arbre sont aussi placés des points correspondant à des innovations évolutives. Ces innovations correspondent à des états dérivés de caractères qui permettent de regrouper les espèces partageant cet état dans un même clade. On considère que l'ancêtre commun des espèces réunies dans un clade possédait déjà les innovations évolutives caractéristiques de ce clade. Ainsi on peut dire que l'ancêtre du groupe des Sauropsidés possédait des vertèbres présentant une hypapophyse.
L'ancêtre du groupe des Diapsidés (dont sont exclues les tortues) possédait deux fosses temporales mais présentait aussi l'innovation caractéristique du groupe des Sauropsidés auquel les Diapsidés appartiennent : les vertèbres avec hypapophyse.
En réitérant le raisonnement précédent, on peut donc dire que l'ancêtre des Archosauriens possédait des vertèbres avec hypapophyse, deux fosses temporales et un gésier.

Le groupe des reptiles, tel qu'il est présenté sur le document regroupe toutes les espèces de l'arbre mais exclut les oiseaux. Il n'intègre donc qu'une partie des Archosauriens. Il est cependant impossible de définir un ensemble d'innovations évolutives qui caractériseraient l'ancêtre des reptiles sans qu'il s'agisse aussi de l'ancêtre des oiseaux. On peut donc dire que le groupe des reptiles n'est pas une subdivision de la classification phylogénétique des Vertébrés.

PARTIE II - Exercice 2 (obligatoire)

Procréation

Dans ce sujet, les deux documents sont quasiment indépendants. Cependant, même si le sujet ne le demande pas explicitement, vous pouvez terminer par une brève comparaison des effets de ces deux pilules.

Il existe plusieurs méthodes de contraception et notamment plusieurs types de contraception chimique. L'étude des documents 1 et 2 va permettre de préciser le mode d'action de deux pilules couramment prescrites.

La pilule combinée

Elle contient deux molécules : un œstrogène de synthèse et un progestatif de synthèse.
Le document présente les variations des quantités d'hormones au cours de deux cycles. L'un sans prise de pilule, l'autre avec.
Lorsque la personne ne prend pas de pilule, le taux d'œstradiol augmente jusqu'à un pic vers le 13e jour après le début des règles, correspondant à la maturité du follicule en croissance. Par rétroaction positive sur l'hypophyse, la forte concentration d'œstradiol déclenche une sécrétion massive de LH, ou pic de LH, au 14e jour. Ce pic de LH déclenche l'ovulation.

En seconde partie de cycle, œstrogènes et progestérone exercent une inhibition par rétroaction négative sur la sécrétion d'hormones FSH et LH par l'hypophyse.
Lorsque la personne prend la pilule, on observe une faible sécrétion d'œstradiol et une absence de sécrétion de progestérone, quelle que soit la phase du cycle. De même, le taux de sécrétion des hormones hypophysaires reste faible et constant.
Les molécules contenues dans la pilule, ayant les mêmes effets que l'œstradiol et la progestérone, exercent une inhibition constante sur la sécrétion des hormones hypophysaires. Le faible taux de FSH et LH ne permet pas de stimuler la croissance folliculaire, ni la sélection d'un follicule dominant. Il ne peut donc y avoir sécrétion d'œstrogènes par ce follicule. Le pic de LH ne peut donc pas avoir lieu. L'ovulation devient impossible. La contraception est ainsi assurée.

La pilule microdosée

Cette pilule ne contient qu'un progestatif de synthèse et à faible dose.
On observe que sous l'action de cette pilule, la glaire cervicale ne présente pas de variations de volume, ni de nature. Son volume reste constant et elle est constamment dense. Ceci est confirmé par les photographies qui montrent que la glaire cervicale garde des mailles nombreuses et serrées aux alentours de l'ovulation, tandis que lors d'un cycle sans pilule, ses mailles se relâchent au voisinage de l'ovulation.
On sait que pour aller à la rencontre de l'ovule, les spermatozoïdes doivent franchir cette glaire. Si celle-ci reste dense, ils ne pourront la traverser et la rencontre devient impossible.
En parallèle, on observe que la muqueuse utérine, après ovulation, ne présente pas un aspect aussi « préparé » lors d'un cycle avec prise de pilule par rapport à un cycle sans prise de pilule. Notamment, les glandes en tube sont moins développées. On peut ainsi penser que ce développement anormal de la muqueuse utérine ne serait pas favorable à une éventuelle nidation.
Ceci renforce l'effet sur la glaire cervicale et donc l'efficacité de la contraception.
Cependant, on peut penser que le faible dosage de cette pilule n'est pas suffisant pour exercer une inhibition de la sécrétion des hormones hypophysaires, et n'empêche pas l'ovulation de se produire. Cette pilule présente donc une action tout à fait différente de la première.
De même, il est probable que la pilule combinée empêche la préparation de la muqueuse utérine en maintenant un taux constant d'œstradiol et de progestérone en continu sur pratiquement tout le cycle. Mais cet effet n'est pas le principal recherché car de toute façon il ne peut y avoir de fécondation, et donc pas de nidation.

Ces deux pilules agissent donc à différents niveaux. La première agit principalement sur l'hypophyse en maintenant une inhibition des sécrétions de FSH et LH, et ainsi empêche l'ovulation.
La seconde empêche la rencontre des gamètes en bloquant les spermatozoïdes au niveau du col de l'utérus, et au cas où cela ne serait pas suffisant, rend impropre la muqueuse utérine à la nidation.

PARTIE II - Exercice 2 (spécialité)

Des débuts de la génétique aux enjeux actuels des biotechnologies

Il s'agit de comprendre à l'aide des documents, comment la variété R a pu être rendue résistante à la larve de pyrale grâce à une technique des biotechnologies.

Corrigé Bac Blanc 4

Le document 1 montre que la variété R entraîne une mortalité quasi-totale des larves de pyrale, et cela en l'absence de traitement insecticide. Lorsque l'on compare cette mortalité avec celle obtenue grâce à un traitement insecticide sur une variété non résistante, on observe que la variété R provoque une mortalité toujours supérieure, et cela quelle que soit la date d'infestation. En effet, il semble que l'efficacité de l'insecticide dépende de la date d'infestation : une infestation précoce diminue l'efficacité du traitement.

On peut penser que cette variété produit naturellement une substance létale pour les larves, donc insecticide.

N'oubliez pas que dans ce type d'exercice, on cherche à évaluer votre capacité à la pratique du raisonnement scientifique. N'hésitez donc pas à introduire des hypothèses, des sous-problèmes en transition de vos paragraphes.

Le western blot du maïs R (document 2a) présente une bande que l'on n'observe pas dans la colonne correspondant au maïs sauvage. Cette bande correspond à un polypeptide d'environ 52 kDa, qui, d'après le protocole ne peut correspondre qu'à la protéine Bt, puisque les anticorps ayant servi à révéler cette bande lui sont spécifiques. Les cellules du maïs contiennent donc dans leur phénotype moléculaire la protéine Bt absente du phénotype du maïs sauvage.

Le southern blot (document 2b) confirme ce fait. En effet, la colonne du maïs R contient une bande qui ne peut correspondre qu'au gène codant la protéine Bt, puisque la sonde ayant permis sa révélation lui est spécifique par complémentarité des bases.
Le gène codant la protéine Bt fait donc partie du génotype du maïs R, mais non du maïs sauvage.
Or le gène Bt est un gène que l'on rencontre chez certaines bactéries. La seule technique qui aurait pu permettre à ce gène bactérien d'être incorporé au génome du maïs est la transgenèse. C'est-à-dire le transfert interspécifique d'un fragment d'ADN, contenant un gène d'intérêt, ici le gène codant la protéine Bt. Comme cette protéine a des propriétés insecticides sur les larves de pyrale, la consommation de maïs R par les larves entraîne automatiquement leur mort comme l'avait montré le document 1.

Le maïs R est donc un maïs OGM (organisme génétiquement modifié). On peut cependant s'interroger sur les effets environnementaux et sur la santé de la présence de protéine Bt au sein du maïs destiné à l'alimentation animale ou humaine.

Le sujet ne correspond pas à une discussion sur l'innocuité des OGM, et ce n'est de toute façon pas la bonne occasion d'entamer le débat, mais comme cette réflexion fait partie de votre programme, il peut être judicieux de suggérer en conclusion les interrogations que posent les aliments OGM. Mais gare de ne pas prendre position !

BAC BLANC 5

PARTIE I
Procréation

Ce sujet demande explicitement l'action des hormones dans la réalisation du phénotype sexuel. Il serait hors sujet de développer l'influence des facteurs génétiques.
Par contre les effets féminisants de l'absence des hormones testiculaires sont eux à envisager.
De même, le sujet demande de se restreindre à la période embryonnaire. Tout ce qui se passe après la naissance et à la puberté est hors sujet.

Tous les mammifères passent par un stade où leur appareil génital présente un caractère indifférencié, quel que soit leur sexe génétique. Les gonades sont de structure identique et les cellules germinales n'ont pas encore entamé de méiose. Les voies génitales sont doubles : canaux de Wolff et canaux de Müller.
Ce stade présent à partir de la 6e semaine chez l'être humain, évolue ensuite vers le phénotype sexuel mâle ou vers le phénotype sexuel femelle.
Ce sont les hormones qui sont en grande partie responsables de cette différenciation. C'est ce que l'on va étudier en envisageant l'action des deux hormones, la testostérone et l'AMH, puis les effets de leur absence.

I. Les hormones testiculaires et la différenciation du phénotype sexuel mâle

Lorsque la gonade indifférenciée se différencie en testicule sous l'influence de gènes, dont le gène maître SRY, elle acquiert la capacité de synthétiser des hormones, dont la testostérone et l'AMH.
Ce sont les cellules de Sertoli primitives, présentes dans les cordons séminifères qui, dès la 7e semaine chez l'Homme, se mettent à sécréter « l'Anti Müllerian Hormon », ou AMH, de nature protéique.
Son taux devient maximal vers le 3e mois, période au cours de laquelle on observe la régression des canaux de Müller.

En parallèle, les cellules de Leydig, situées à l'extérieur des cordons séminifères des testicules, synthétisent de la testostérone, hormone dérivée du cholestérol, dont le taux est maximal au début du deuxième trimestre.
Son action est capitale dans la masculinisation et la différenciation de l'appareil génital : on observe le maintien des canaux de Wolff qui donnent naissance aux voies génitales mâles (épididyme, spermiducte), aux glandes annexes (prostate, vésicules séminales...), et le développement des organes génitaux externes (pénis).

Il faut noter cependant que les caractères sexuels secondaires n'apparaîtront que plus tard et que les testicules restent non fonctionnels jusqu'à la puberté, période au cours de laquelle on observe une reprise d'une importante sécrétion de testostérone.

II. La différenciation du phénotype femelle en l'absence d'hormones testiculaires

Si la gonade ne se différencie pas en testicule, on n'observe ni synthèse de testostérone, ni synthèse d'AMH.
Qu'il y ait ou non présence d'ovaire, on observe la régression des canaux de Wolff, la différenciation des canaux de Müller en voies génitales femelles et l'apparition des organes génitaux externes (clitoris, vulve...).

Ainsi, la mise en place du sexe phénotypique mâle se fait sous l'action des hormones testiculaires AMH et testostérone, tandis que celle du sexe phénotypique femelle s'effectue en l'absence de ces hormones.

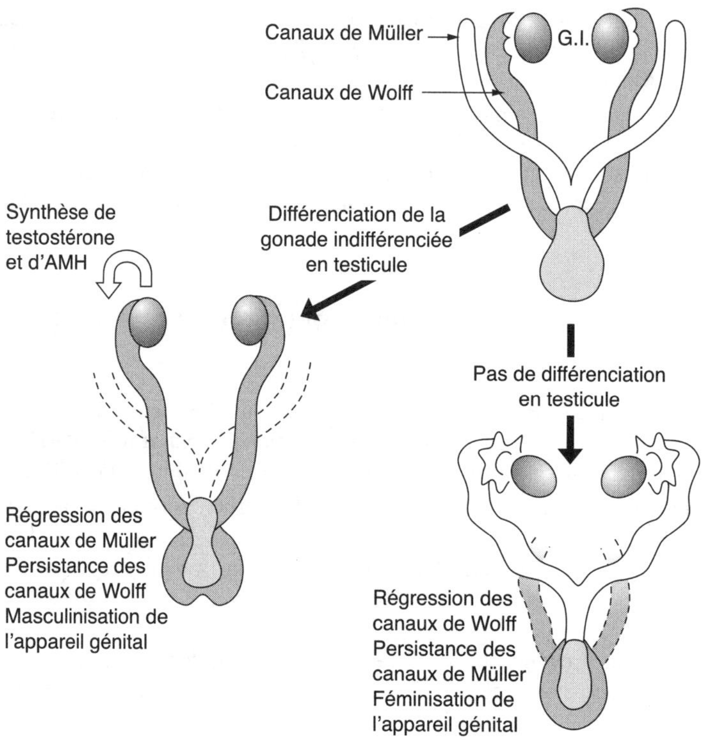

Schéma bilan montrant le rôle des hormones testiculaires dans l'acquisition de phénotype sexuel.

PARTIE II - Exercice 1

Stabilité et variabilité des génomes et évolution

Tous les individus de F1 sont de type sauvage, c'est-à-dire de phénotype « yeux rouges » (noté [Y+]) et « ailes longues » (noté [Vg+]).

Si l'énoncé ne vous les impose pas, vous pouvez poser les symboles que vous voulez pour les allèles et les phénotypes à condition de bien les préciser.

Les parents sont de lignée pure. Ils ne peuvent produire qu'un seul type de gamète possédant les allèles : Y+ Vg+ pour l'un et Y- Vg- pour l'autre.
Les individus de F1 issu du croisement de ces deux types de gamètes sont donc hétérozygotes. On en déduit que les phénotypes qu'ils présentent sont dominants. Les phénotypes « yeux pourpres » (noté [Y-]) et « ailes vestigiales » (noté [Vg-]) sont récessifs.
Le croisement des femelles de F1 avec les mâles doubles homozygotes récessifs de type parental est un test-cross. Il permet d'étudier du point de vue génétique les gamètes des femelles de F1.
La descendance de ce test-cross est composée de :

(1 350 × 100)/3 000 = 45 % de [Y+, Vg+] soit de phénotype parental
(1 350 × 100)/3 000 = 45 % de [Y–, Vg-] soit de phénotype parental
(149 × 100)/3 000 = 5 % de [Y–, Vg+] soit de phénotype recombiné
(151 × 100)/3 000 = 5 % de [Y+, Vg–] soit de phénotype recombiné

Supposons que les gènes sont indépendants (non liés), c'est-à-dire portés par des paires de chromosomes différentes. Alors la femelle de F1 doit produire quatre types de gamètes en quantités égales qui peuvent être fécondés par les gamètes du mâle d'un seul type :

Génotype des gamètes des femelles de F1 → Génotype des gamètes du mâle ↓	Y+, Vg+	Y-, Vg-	Y-, Vg+	Y+, Vg-
Y-, Vg-	Y+/Y-, Vg-/Vg+	Y-/Y-, Vg-/Vg-	Y-/Y-, Vg+/Vg-	Y+/Y-, Vg-/Vg-
	[Y+, Vg+]	[Y-, Vg-]	[Y-, Vg+]	[Y+, Vg-]
	50% de phénotypes parentaux		50% de phénotypes recombinés	

Dans les résultats du test-cross, il y a beaucoup plus de phénotypes parentaux que de phénotypes recombinés à l'inverse des résultats théoriques obtenus à partir de l'hypothèse précédente. On peut conclure que les deux gènes en cause ne sont pas situés sur des chromosomes différents et donc qu'ils sont liés, c'est-à-dire portés par la même paire de chromosomes.
Les phénotypes recombinés sont issus de crossing-over qui se sont produits entre les deux *loci* des deux gènes considérés.

Si cela n'est pas explicitement demandé, les schémas explicatifs des crossing-over ne sont pas exigibles, d'autant plus que dans ce type d'exercice la récitation de connaissances n'est pas évaluée. Si vous en avez le temps, et êtes sûrs de vous, vous pouvez toujours les réaliser et montrer au correcteur que vous maîtrisez votre sujet.

PARTIE II - Exercice 2 (obligatoire)

Parenté entre les êtres vivants actuels et fossiles - phylogenèse - évolution

Il s'agit de montrer qu'au sein de l'espèce humaine il existe une relation entre la distance génétique et la distance géographique et expliquer cette relation par l'idée d'une origine unique des Hommes modernes.

La distance génétique est corrélée à la distance géographique

Le document 1 représente un tableau donnant les fréquences alléliques pour le gène des groupes sanguins ABO, et cela pour trois populations géographiquement éloignées.
Ces fréquences ont été obtenues pour des échantillons assez importants d'individus : de 500 à 1 000.
Le gène étudié possède trois allèles connus : A, B et O. On constate que les trois allèles existent au sein des trois populations mais que leur fréquence peut être très différente d'une population à l'autre.

La seconde partie du document nous permet d'exploiter ces données en calculant les distances génétiques entre ces trois populations.

La distance génétique entre Européens et arabes est de : 100 – (20,9 + 7,4 + 66,3) = 5,4
La distance génétique entre Européens et indiens est de : 100 – (14,9 + 7,4 + 56) = 21,7
La distance génétique entre Arabes et indiens est de : 100 – (14,9 + 12,6 + 56) = 16,5

Ainsi, si on considère le gène des groupes sanguins ABO, il ressort de l'étude des fréquences de ses allèles que les Européens sont plus proches génétiquement des Arabes que des Indiens.
Les Indiens eux sont plus proches des Arabes que des Européens.

Or géographiquement, les Arabes sont effectivement plus proches des Européens que des Indiens.

D'après cette étude, la distance génétique semble corrélée à la distance géographique. Plus l'éloignement géographique entre deux populations est important, et plus la distance génétique l'est aussi.

La population ancestrale

Le document 2 permet d'expliquer cette corrélation. D'après la théorie qu'il expose, tous les Hommes modernes seraient issus d'une même population ancestrale relativement récente. Cela explique que toutes les populations partagent les mêmes gènes et les mêmes allèles. En effet, une divergence plus ancienne se serait traduit par l'apparition de nouveaux allèles ou gènes.
Seules varient les fréquences des différents allèles au sein des diverses populations. En effet, le document montre que plusieurs populations issues de cette population ancestrale ont migré et colonisé les régions géographiques que nous connaissons actuellement. Plus elles se sont éloignées les unes des autres, et plus les fréquences alléliques ont varié d'une population à l'autre. Ainsi les fréquences alléliques sont d'autant plus différentes que l'éloignement entre les populations est important.

L'accord entre les calculs de distance génétique et les migrations conforte cette théorie d'une origine unique et récente de l'Homme moderne.

PARTIE II - Exercice 2 (spécialité)

Diversité et complémentarité des métabolismes

Il s'agit de déterminer les réactions permettant la fixation du carbone au sein des molécules organiques au cours de la phase non photochimique de la photosynthèse.
Cette phase se déroule dans le stroma des chloroplastes.

Le premier document présente des résultats de chromatographies bidimensionnelles réalisées au cours de temps croissants, correspondant à un avancement plus ou moins important des réactions de l'assimilation du carbone.
Le premier composé à apparaître et contenant le carbone radioactif est l'APG, composé à 3 carbones.
Puis c'est au tour du RudiP, à 5 carbones, et des hexoses à 6 carbones d'apparaître. À partir de là, on voit apparaître sur la troisième autoradiographie, une multitude de molécules organiques, dont des acides aminés. Ceux-ci proviennent certainement des composés glucidiques à 6 carbones, hexoses phosphates, apparus précédemment.

Lequel de l'APG ou du RudiP est la molécule fixatrice du carbone ?

Dans cet exercice, on évalue votre capacité au raisonnement scientifique. Avancez pas à pas dans votre raisonnement, en donnant les informations apportées par le document, puis en montrant que de nouvelles informations sont nécessaires à la résolution du problème posé. Ceci assure la transition avec le document suivant.

Le document 2 nous permet de répondre à cette question. Dans ce document, la mesure de la radioactivité permet de déduire la quantité correspondante de composé ayant incorporé le carbone radioactif.

N'oubliez pas d'être rigoureux. Décrivez d'abord la variation de la variable étudiée telle qu'elle s'observe sur le graphe, puis seulement après donnez-en la signification.

La radioactivité des composés présentés augmente au cours du temps. En effet, lorsque le taux de dioxyde de carbone est constant, tous les composés cités incorporent progressivement du carbone radioactif.
Sans lumière, donc sans source d'énergie indispensable à l'assimilation du carbone, la radioactivité de l'APG augmente brusquement, tandis que celle du RudiP diminue et tend à s'annuler.
Celle des hexoses phosphates stagne, traduisant le fait qu'il n'y a ni synthèse, ni dégradation de ces composés.
Si la radioactivité de l'APG augmente, c'est que de l'APG est produit à partir de composés contenant du C radioactif, mais qu'il n'est pas utilisé.
Comme la radioactivité du RudiP décroît, on peut penser que l'APG est issu de réactions impliquant le RudiP :

$$\text{RudiP} + ? \Rightarrow \text{APG} + ?$$

L'APG n'étant pas utilisé, les hexoses ne voient pas leur concentration augmenter.

La deuxième partie du document nous montre qu'en l'absence de dioxyde de carbone et sous un éclairement constant, la quantité d'APG diminue brutalement tandis que celle de RudiP augmente en parallèle. Si l'absence de source de carbone se traduit par l'arrêt de la synthèse d'APG, c'est donc que cette molécule est produite à partir du carbone du dioxyde de carbone. L'accumulation de RudiP s'explique par le fait que cette molécule ne réagit plus avec le dioxyde carbone pour donner de l'APG.

Ceci nous montre que c'est le RudiP qui fixe le carbone du dioxyde de carbone et se transforme en APG à partir duquel seront produits tous les autres composés organiques.

L'apparition de la radioactivité dans le RudiP observée au document 1, traduit une régénération du RudiP à partir de l'APG et donc un cycle.
À chaque tour de cycle un carbone est incorporé dans des composés glucidiques puis se retrouvera au sein de molécules plus complexes tels que des acides aminés, comme nous l'a montré le document 1.

Dans un exercice de ce type, faites bien la distinction entre les informations déduites des documents (on observe que...) et celles apportées par vos connaissances (on sait que...). Le correcteur pourra ainsi vérifier que vous savez combiner vos propres connaissances à des données extraites de l'énoncé.

On sait de plus que ces réactions sont possibles grâce à l'ATP et aux composés réduits TH_2 produits lors de la phase photochimique au niveau des thylakoïdes des chloroplastes.
On en déduit le cycle suivant, appelé cycle de Calvin :

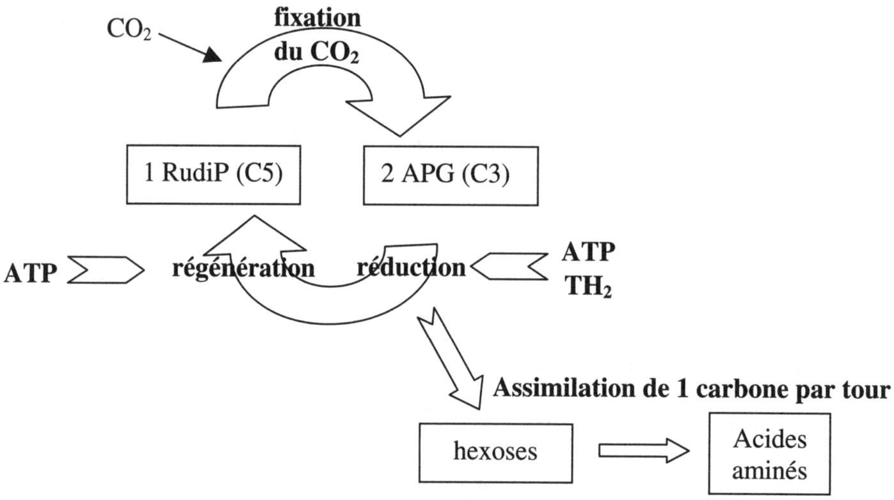

Schéma très simplifié de la phase non photochimique de la photosynthèse (cycle de Calvin).

BAC BLANC 6

PARTIE 1

La convergence lithosphérique et ses effets

La fermeture d'un océan est la conséquence d'un processus de convergence qui peut conduire à la collision de deux plaques continentales. Dans ce cas la collision est donc précédée par une subduction, elle-même précédée par l'ouverture d'un océan.
Dans certaines chaînes de collision, il est possible de retrouver des traces géologiques caractéristiques de ces étapes (c'est le cas par exemple des Alpes ou de l'Himalaya).
Nous verrons donc tout d'abord quels sont ces « vestiges » d'un ancien océan puis nous verrons les manifestations du phénomène de collision lui-même. Nous n'aborderons pas les témoins de la phase de subduction.

Les manifestations liées à la subduction telles que les témoins du métamorphisme sont hors sujet. En effet le raccourcissement crustal ne se produit que pendant la collision proprement dite, c'est-à-dire après la subduction. Dans ce sujet il est donc très important que vous suiviez le plan suggéré implicitement dans le libellé du sujet.

I. Les témoins géologiques d'un ancien domaine océanique

Dans une chaîne de collision, plusieurs témoins géologiques caractéristiques d'un océan en formation peuvent être mis en évidence.

I.1. Les vestiges de marges passives

Dans les zones externes faiblement déformées d'une chaîne de collision, il est possible de retrouver certaines structures géologiques correspondant aux premiers stades d'ouvertures de l'océan (stade rift).
Ces structures sont, entre autres, des systèmes de failles normales et de blocs basculés qui traduisent un amincissement de la croûte continentale. Cet amincissement est le résultat de contraintes tectoniques en extension qui ont « étiré » la croûte continentale au cours de la phase précédant l'ouverture proprement dite de l'océan. Associées aux blocs basculés, des formations sédimentaires présentant une stratification en éventail peuvent parfois aussi être observées. La stratification en éventail est le résultat du dépôt de sédiments se produisant pendant le basculement des blocs (voir illustration page suivante).

Il n'est pas précisé dans ce sujet que vous devez faire des schémas mais il vous est possible d'en faire quand même.
Pensez cependant à ne pas passer un temps excessif sur des illustrations très complexes qui ne pourraient être valorisées à leur juste niveau par le correcteur puisque non exigées. Tel qu'il est posé, le sujet est déjà long à traiter. Nous avons cependant voulu vous montrer quelques illustrations possibles.

Corrigé Bac Blanc 6

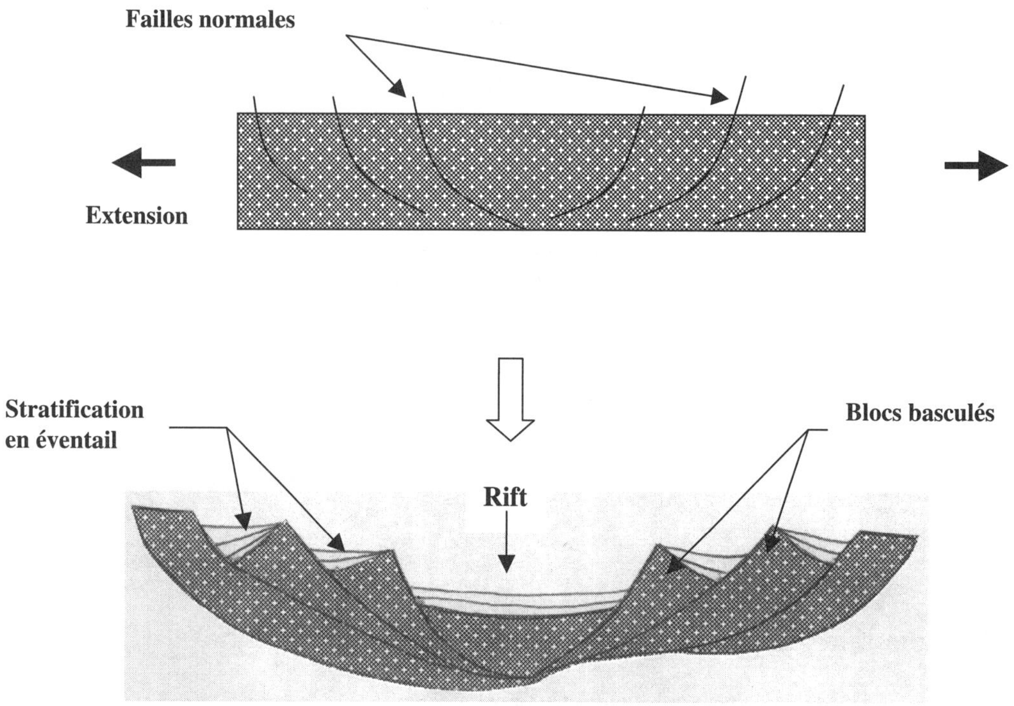

Structures géologiques associées à la formation d'un rift.

En outre, les sédiments que l'on retrouve dans les zones externes correspondent à des milieux marins côtiers, de faible profondeur.
L'ensemble de ces caractéristiques géologiques montre que les zones externes correspondent à l'une des marges passives (au plateau continental) de l'océan ayant disparu par subduction.

I.2. Les ophiolites

À différents endroits des zones médianes des chaînes de collisions, peuvent être trouvées des roches magmatiques sombres, aux reflets verts : les ophiolites. Ces roches correspondent au cortège des roches magmatiques caractéristiques de toutes les croûtes océaniques et qui se forment dans les dorsales des océans : basaltes en coussins d'origine superficielle, gabbros et complexes filoniens d'origine plus profonde et parfois péridotites du manteau (voir illustration ci-dessous).

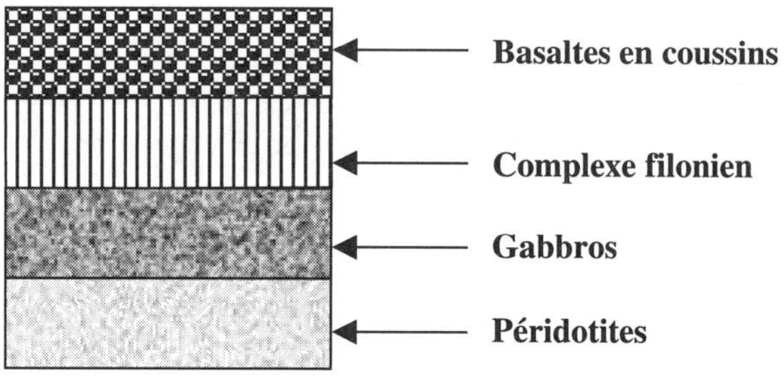

Schéma d'une coupe de croûte océanique dont les différents termes peuvent être retrouvés dans les ophiolites.

Recouvrant les basaltes, sont aussi trouvées des formations sédimentaires siliceuses caractéristiques des grandes profondeurs (radiolarites).
L'ensemble de ces données prouve que les ophiolites sont les vestiges de la croûte d'un océan ayant, pour sa plus grande partie disparu.

Ainsi les traces d'une marge passive et d'une croûte océanique attestent de l'existence en lieu et place d'une chaîne de collision d'un ancien domaine océanique.
Au cours du phénomène de convergence, ce domaine rétrécit progressivement par subduction puis finit par disparaître. Les deux marges passives qui s'étaient séparées des dizaines ou des centaines de millions d'années plus tôt se retrouvent ainsi de nouveau au contact l'une de l'autre et, la convergence se poursuivant, se produit alors la collision des deux plaques continentales.

II. Manifestations du raccourcissement crustal

Au cours de la collision, le mouvement convergeant des deux plaques continentales se traduit par un raccourcissement de la croûte et il est possible de retrouver à différentes échelles des « marqueurs » de cette déformation.

II. 1. Marqueurs tectoniques

Plusieurs types d'événements peuvent se produire à la suite de mouvements tectoniques en compression : les plis, les failles et les charriages.
Les plis affectent les terrains capables de se déformer ; ils sont particulièrement visibles dans les terrains sédimentaires car ceux-ci sont formés par la superposition de strates dont les limites rendent visibles les déformations postérieures à leur dépôt (voir schéma ci-dessous).

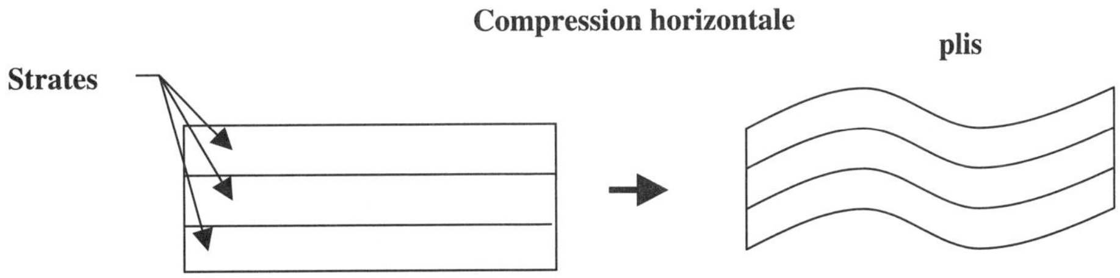

Schéma de formations sédimentaires plissées.

Les failles se produisent par cassure et déplacement des blocs ainsi séparés.
Les charriages sont des déplacements sur de longues distances d'unités géologiques de très grande taille formant des « nappes » ou de vastes plis couchés, s'empilant les uns sur les autres à l'échelle de régions entières.

II.2. Marqueurs morphologiques

Les phénomènes décrits ci-dessus et correspondant à un raccourcissement ont pour effet de provoquer un épaississement de la croûte continentale. En surface, cet épaississement se traduit par la formation de hauts reliefs montagneux (près de 9 000 mètres pour le mont Everest dans l'Himalaya), modelés par l'érosion.

En profondeur, se forme une « racine crustale » pouvant dépasser 50 km de profondeur alors que la limite inférieure de la croûte continentale, ou Moho, se trouve en moyenne à 30 km sous la surface.

Ainsi, on peut conclure que, bien qu'étant le résultat d'un épaississement de la croûte en milieu continental, une chaîne de collision peut se former sur le lieu d'un ancien domaine océanique refermé. On peut d'ailleurs aussi retrouver dans les chaînes de collision des témoins du phénomène de subduction.

PARTIE II - Exercice 1

Stabilité et variabilité des génomes et évolution

Le document représente un caryotype classé de cellule germinale à l'origine d'un spermatozoïde c'est-à-dire une cellule qui, au cours de son évolution, subit des mitoses puis une méiose. C'est par l'étude de différentes caractéristiques (aspect, nombre) des chromosomes observés que nous pourrons déterminer avec précision dans quelle phase de son évolution elle se trouve.

Attention, en question II - Exercice 1 c'est la technique d'analyse du document qui est évaluée. Dans cette question, qui peut vous paraître facile, il est donc important que vous extrayiez des informations précises et que vous explicitiez le raisonnement qui amène à la réponse.

Tout d'abord, les chromosomes sont parfaitement observables ce qui signifie que la chromatine est condensée ; la cellule est donc observée au cours d'une division : en mitose ou au cours d'une des deux divisions de méiose.
Le document précise qu'il s'agit d'une cellule humaine. La ploïdie de l'Homme est 2n = 46.
Le caryotype observé ne montre que 24 chromosomes soit un seul lot de chromosomes (et un chromosome surnuméraire). On peut donc conclure que la cellule germinale n'est ni en mitose, ni en première division de méiose ; elle est donc en 2e division de méiose.
Une observation précise des chromosomes montre que ceux-ci possèdent deux chromatides ; la cellule est donc en prophase ou en métaphase de deuxième division de méiose (plus vraisemblablement en métaphase car c'est à ce moment que la chromatine est à son maximum de condensation et que les chromosomes sont le mieux observables).

Le caryotype montre que la cellule possède un chromosome X et un chromosome Y ce qui est anormal. En effet, ces deux chromosomes sexuels auraient dû se disjoindre en anaphase de 1re division de méiose et se trouver, en deuxième division de méiose, chacun dans une cellule fille différente.

Si la cellule considérée participe à une fécondation, elle fusionnera avec un ovule portant un chromosome X. Le zygote issu de cette fécondation présentera donc une aneuploïdie (anomalie numérique de son caryotype). Plus précisément, il s'agira d'une trisomie touchant les chromosomes sexuels car le zygote sera X X Y.

PARTIE II - Exercice 2 (obligatoire)

Stabilité et variabilité des génomes et évolution

L'évolution des êtres vivants a pour support des mécanismes appelés « innovations génétiques » qui font apparaître (ou disparaître) des gènes ou qui les modifient. Dans certains cas, ces innovations se traduisent par l'apparition de nouvelles caractéristiques phénotypiques des individus. Dans l'exemple qui nous est proposé, il s'agit d'identifier les innovations qui sont à l'origine de l'aptitude de l'œil humain à distinguer les radiations vertes.

Un plan apparent n'est pas exigible dans ce type d'exercice. Cependant, il peut permettre de donner à votre exposé un côté plus structuré et témoigner d'une plus grande maîtrise du sujet.

I. Origine des pigments visuels absorbant les radiations vertes

Le document 1 montre que les gènes GR et GV sont situés les uns à la suite des autres sur le chromosome X et que, phénomène surprenant, le nombre de gènes GV est variable.
Le tableau du document 2 montre que les pigments rouges et verts, qui sont des protéines, ont un nombre identique d'acides aminés (364) et une séquence en acides aminés extrêmement proche. En effet les 15 acides aminés qui distinguent le pigment rouge des pigments verts représentent moins de 5 % du total des acides aminés. De cette comparaison, on peut conclure que les gènes GR et GV qui codent pour ces protéines sont eux-mêmes très proches du point de vue de leur séquence en nucléotides.

Attention, les tableaux de comparaison moléculaire concernent souvent des protéines et non des gènes. Il faut donc montrer au correcteur que vous ne confondez pas les deux (même si le raisonnement à tenir est le même).

La localisation relative des gènes GR et GV mise en relation avec leur ressemblance permet de supposer que ces gènes sont apparus par duplications et mutations à partir d'un gène ancestral et qu'ils constituent donc une famille multigénique.

En exercice 2 de la question 2, des notions de cours doivent être explicitées. En l'occurrence, les termes de duplication et de mutation doivent être définis car ces notions sont celles qui permettent de résoudre le problème. Leur définition sera donc dans le barème.

La duplication est une copie accidentelle d'un gène, le duplicata formé venant s'insérer sur le chromosome à la suite du gène dupliqué. Cette hypothèse permettrait d'expliquer la localisation particulière des gènes GR et GV.

Les mutations sont des modifications accidentelles et rares de la séquence en nucléotides des gènes. Les mutations se produisant de façon aléatoire, elles conduisent au cours du temps à une divergence de la séquence nucléotidique d'un duplicata par rapport au gène ancestral.
Dans le cas qui nous intéresse, quel était le gène ancestral ?
Le document 1 précise que tous les primates possèdent GR et que seuls certains d'entre eux possèdent en plus GV ; on peut donc penser que l'acquisition du gène GV est une innovation plus récente. La duplication se serait donc faite à partir de GR.

Dans le document 2, on voit que les deux pigments verts ne se distinguent que par un seul acide aminé. La divergence des gènes GV a donc été de courte durée, et il est fort probable que les différentes copies de GV soient apparues par duplication d'un gène GV ancestral.
D'autre part, on voit que la modification d'un acide aminé peut décaler de 14 nm (549 – 535) la longueur d'onde la mieux absorbée par un pigment vert ; on peut donc penser que les mutations à l'origine des quinze acides aminés qui distinguent les pigments rouge et vert sont aussi à l'origine des différences de propriétés de ces pigments.

Ainsi la perception de la couleur verte par l'œil humain serait-elle due à un phénomène de duplication, initialement du gène GR (puis éventuellement du gène GV issu de cette première duplication), suivie de mutations des duplicatas.

L'hypothèse d'une duplication peut-elle être étayée par d'autres données ?

II . Une origine possible des duplications : la recombinaison homologue inégale

Dans le document 3, le schéma de la recombinaison avec enjambement « normal » en prophase de 1re division de méiose correspond au mécanisme de crossing-over. Au cours de ce processus, il se produit au niveau du chiasma un échange équilibré de fragments de chromatides entre les chromosomes homologues. Les chromatides recombinées n'acquièrent ou ne perdent aucun gène, seuls des allèles sont échangés.
Dans le cas de la recombinaison inégale, on voit que l'échange de portions de chromatides n'est pas équilibré : l'une des chromatides acquiert un gène G supplémentaire au détriment de la chromatide recombinée du chromosome homologue (voir schéma ci-dessous).

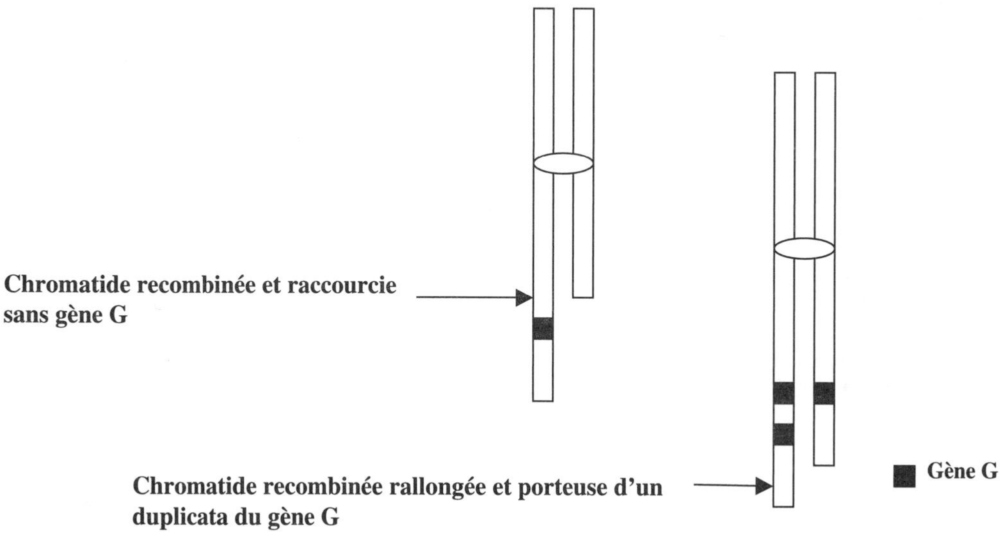

Chromosomes homologues obtenus après recombinaison homologue inégale.

Le schéma ci-dessus n'est pas explicitement demandé mais, comme pour de nombreux sujets, il est, dans ce cas, tout à fait opportun d'en faire un.

Si un gamète issu d'une telle méiose et porteur d'un fragment supplémentaire de chromatide participe à une fécondation, on peut prévoir que l'individu aura un gène G dupliqué. On peut penser que c'est ce qui s'est passé pour le gène GR et les gènes GV. En outre, un tel mécanisme permettrait d'expliquer les cas exceptionnels de « disparition » de GR ou de GV mentionnés dans le document 1 si un individu hérite de la chromatide « raccourcie ».

L'ensemble des documents permet donc de proposer une explication à l'apparition des pigments verts chez l'Homme. Cette innovation évolutive serait survenue chez un ancêtre commun à l'Homme et à d'autres primates d'origine africaine. Elle proviendrait d'une duplication du gène GR par recombinaison homologue inégale et mutations du duplicata, ce qui aurait abouti à la synthèse d'un nouveau pigment ; à partir du premier duplicata GV, d'autres duplications et mutations se seraient produites qui auraient abouti à la synthèse d'autres pigments verts légèrement différents.

PARTIE II - Exercice 2 (spécialité)

Des débuts de la génétique aux enjeux actuels des biotechnologies

On cherche à localiser les trois gènes Y, W et M sur les chromosomes de drosophile. Le document 2 nous montre que la drosophile possède 4 paires de chromosomes dont une paire de chromosomes sexuels.
Dans les trois croisements, la génération F1 est constituée d'individus possédant les phénotypes parentaux, mais tous les mâles ont le phénotype maternel tandis que toutes les femelles ont le phénotype paternel. Il semble donc que ces phénotypes soient liés au sexe.
D'après le document 2, les mâles de drosophile possèdent une paire de chromosomes sexuels non homologues, un X et un Y.
Si l'on suppose que les gènes considérés sont portés par le chromosome X, les mâles de F1 ont reçu leur chromosome X de leur mère, et il est donc normal qu'ils possèdent le phénotype maternel.
Les femelles de F1 sont hétérozygotes, et dans les trois cas, le phénotype sauvage porté par les mâles parentaux est dominant sur le phénotype muté.

Ainsi on peut localiser les trois gènes sur le chromosome X.

Il s'agit maintenant d'établir la carte chromosomique correspondante. Pour cela, les résultats des générations F2 vont être très utiles. En effet, on constate pour les trois générations F2 résultant des trois croisements, l'existence de phénotypes recombinés en proportions très inférieures à celles des phénotypes parentaux.
Comme on a vu que les gènes étaient liés, ces phénotypes résultent d'échanges de fragments de chromatides portant les gènes considérés. Ceci est confirmé par le document 3 qui présente des chiasmas, au cours de la première division de méiose. Or l'on sait que ceux-ci sont à l'origine des crossing-over, au cours desquels de tels échanges sont possibles. Il est précisé que seules les femelles de drosophile présentent des crossing-over. C'est donc lors de la production des gamètes chez les femelles de F1 que se sont produits les échanges de fragments de chromatides.
Or, depuis Morgan, on sait que la fréquence de recombinaison est d'autant plus élevée que les loci des gènes sont éloignés.
On définit ainsi le centimorgan, mesure de la distance entre les loci des gènes sur les chromosomes, tel que 1 centimorgan (cm) = 1 % de recombinaison.

On peut ainsi réaliser les calculs de fréquence de recombinaison.

Entre Y et M : f_r = (57 + 52).100/(113 + 57 + 52 + 102) = 33,6 % = 33,6 cm

Entre Y et W : f_r = (106 + 108).100/(10 759 + 106 + 108 + 10 761) = 1 % = 1 cm

Entre W et M : f_r = (1 005 + 995).100/(2 067 + 1 005 + 995 + 2 049) = 32,7 % = 32,7 cm

On peut alors construire la carte chromosomique du chromosome X de drosophile :

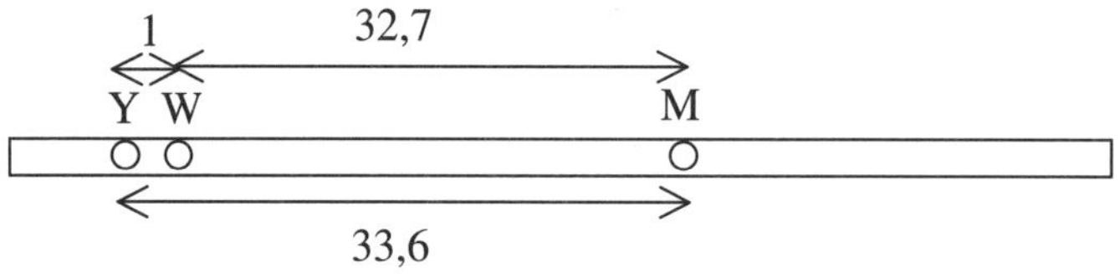

BAC BLANC 7

PARTIE I
Immunologie

Dans ce sujet, attention à ne pas perdre de temps à développer l'ensemble de la réaction immunitaire. Il faut considérer qu'elle est connue du lecteur, et discuter uniquement du rôle pivot des lymphocytes T4.

Le virus HIV, qui se transmet par voie sanguine ou sexuelle, est à l'origine de la maladie du SIDA encore aujourd'hui incurable. Après une plus ou moins longue phase suivant la contamination, dite phase asymptomatique, la personne infectée entre dans la phase terminale de la maladie. Au cours de celle-ci, elle développe une succession de maladies, qui progressivement l'épuisent et causent sa mort. On les appelle les maladies opportunistes, car elles profitent de la présence du virus et de l'affaiblissement du système immunitaire pour se développer.
Quels sont les liens existant entre la présence du virus au sein de l'organisme et la survenue de ces maladies ? C'est à cette question que l'on va répondre en étudiant tout d'abord le mode d'infection du virus au niveau cellulaire, puis en quoi cela est à l'origine des maladies opportunistes.

I. Infection et mort des cellules cibles

Les cellules cibles du virus du SIDA sont des cellules du système immunitaire. Parmi elles, les lymphocytes et les macrophages.
Comme le virus utilise une protéine membranaire, la protéine CD4, portée par ses cellules cibles pour pénétrer leur cytoplasme, seules les cellules portant cette protéine peuvent être infectées. Il s'agit des lymphocytes T4 et de certaines cellules de la lignée monocytaire.

Une fois qu'il a pénétré dans la cellule, le virus libère son contenu car sa capside est digérée par des enzymes cellulaires.
Le VIH est un rétrovirus, il contient donc de l'ARN et une enzyme appelée rétrotranscriptase, ou transcriptase inverse, qui recopie l'information génétique contenue dans l'ARN en ADN. Cet ADN peut alors s'intégrer au génome de la cellule hôte sous forme de provirus.
Sous l'effet de certains facteurs, la réplication virale peut alors être activée et se traduit par une expression des protéines virales.
De nouveaux virus vont alors pouvoir s'assembler au sein du cytoplasme, bourgeonner à la surface de la cellule et être libérés dans le milieu extra-cellulaire.
Cette production de nouveaux virus finit à la longue par épuiser la cellule-hôte qui meurt. De plus, la lutte contre le virus passe par la destruction des cellules infectées par les lymphocytes T cytotoxiques spécifiques, ce qui renforce la mortalité cellulaire des lymphocytes T4 infectés.
Les cellules de la lignée monocytaire présentent une réplication virale plus lente et souffrent donc moins de celle-ci. Elles se comportent cependant comme un réservoir de virus au sein de l'organisme.

À quel moment surviennent les maladies opportunistes ?

II. Mortalité des lymphocytes T4 et survenue des maladies opportunistes

Au cours de la phase asymptomatique, le nombre de lymphocytes T4 diminue progressivement. On considère que l'entrée dans la phase terminale correspond à un taux de T4 inférieur à un seuil en dessous duquel l'organisme n'est plus apte à lutter contre les agents des maladies opportunistes.

En effet, on vient de voir que les lymphocytes T4 sont les cellules les plus affectées par l'infection. Or les lymphocytes T4 jouent un rôle de pivot au sein des réactions immunitaires spécifiques. En effet, au contact d'un antigène, les lymphocytes T4 spécifiques sélectionnés produisent un messager chimique appelé interleukine, indispensable à la prolifération et à la différenciation des lymphocytes B et T sélectionnés.
Si cette fonction n'est plus assurée, la production d'anticorps et de lymphocytes T cytotoxiques est empêchée. La lutte contre des agents microbiens variés ne peut donc plus se réaliser et les maladies opportunistes apparaissent.

Il ressort de ceci le rôle capital que jouent les lymphocytes T4 dont la disparition est à l'origine d'un effondrement des défenses immunitaires de l'individu.
Le VIH apparaît comme un agent infectieux très particulier puisqu'il s'attaque aux défenses de l'organisme qui devraient être en mesure de lutter contre lui. Ceci rend la lutte contre lui très difficile.

Des schémas peuvent être envisagés (cycle viral, schéma montrant le rôle pivot des LT4 par exemple), mais comme le sujet ne l'exige pas, ne les faites que si vous êtes sûr de vous et avez le temps.

PARTIE II - Exercice 1

La convergence lithosphérique et ses effets

N'essayez pas dans ce sujet d'associer cet échantillon avec une partie des structures impliquées dans l'orogenèse alpine (croûte océanique, marge passive...), vous risqueriez de commettre une erreur. Contentez-vous seulement des informations portées par les documents : nature des minéraux, conditions de pression-température qu'ils traduisent ; et répondez uniquement au problème posé.

Le document proposé est une lame mince de roche trouvée dans les Alpes.
Elle laisse apparaître trois types de minéraux : du grenat, du glaucophane et de la chlorite.
D'après le diagramme de stabilité, l'association dans le même échantillon de grenat et de glaucophane traduit une profondeur au moins égale à 30 km.
Ces minéraux sont issus de transformations de minéraux préexistants sous l'effet d'une augmentation de la profondeur, probablement associée à l'orogenèse alpine.

Cependant, la présence de chlorite pose un problème car d'après le diagramme de stabilité, ce minéral est stable à proximité de la surface.
La lame mince montre que la chlorite se présente sous forme de couronnes entourant les grenats. On peut en déduire qu'elle s'est formée après les grenats. Ceci n'a pu se produire que lors de la remontée de la roche vers la surface, éloignant le grenat et le glaucophane de leur domaine de stabilité.

On a ainsi bien démontré que cette roche, après avoir connu un enfouissement d'au moins 30 km, est ensuite remontée jusqu'à la surface où elle a été trouvée.

PARTIE II - Exercice 2 (obligatoire)

Couplage des événements biologiques et géologiques au cours du temps

Dans ce sujet, l'erreur serait de vouloir à tout prix trancher entre l'une ou l'autre des causes possibles des extinctions. Il faut au contraire garder du recul et montrer que probablement différentes causes se sont combinées.

Une crise est une discontinuité majeure à l'échelle de la planète et à l'échelle des temps géologiques, marquée par des modifications brutales et globales liées à des événements planétaires affectant le monde vivant.

On se propose de discuter des causes possibles de la crise survenue lors du passage du Crétacé au Tertiaire, et qui a vu notamment la disparition des dinosaures en milieu continental et des ammonites en milieu océanique.

Le document 1 nous montre que deux éléments sont présents en abondance dans la couche sédimentaire associée au franchissement du Crétacé au Paléocène (limite C-T).
La quantité d'iridium commence à augmenter 50 cm avant la limite où l'on observe un pic, puis persiste à un taux élevé 150 cm au-delà de la limite. Les magnétites nickélifères, elles, ne sont quasiment présentes qu'au niveau de la couche limite.
D'après le texte d'accompagnement, ces deux pics pourraient être expliqués par la chute d'une météorite, point commun entre ces deux éléments par ailleurs absents de la plupart des roches sédimentaires terrestres.
Cependant, la quantité d'iridium semble augmenter avant l'éventuelle collision, et persiste longtemps après.
La chute d'une météorite étant un événement bref et brutal, elle explique bien les deux pics de magnétite nickélifère et d'iridium.

Le document 2 nous montre qu'il a été découvert un cratère d'impact météoritique dans le golfe du Mexique. La légende nous montre qu'il est daté de – 65 mA, soit justement la date choisie comme frontière temporelle entre le Crétacé et le Paléocène.
Cette collision a produit un raz-de-marée, dont les limites figurées sur la carte témoignent de la violence de l'impact et donc d'une taille très importante de l'objet.
Ce cratère pourrait correspondre à l'impact de la météorite. En explosant au sol, celle-ci aurait dispersé l'iridium et les magnétites nickélifères sur une majeure partie de la planète.

Le nuage de poussière dégagé aurait pu assombrir l'atmosphère, bloquant une partie du rayonnement solaire. En conséquence, la photosynthèse aurait été réduite, limitant ainsi les ressources alimentaires, et la température abaissée. De plus, la température aurait été abaissée. Les espèces les moins adaptées à survivre dans ce nouveau contexte auraient alors disparu.
Cependant, on sait que des prémices de cette crise sont enregistrés au sein des couches sédimentaires bien avant l'impact, avec notamment une diminution de la diversité des ammonites par exemple tout au long du Crétacé.

Comment expliquer cette diminution si on suppose que la météorite est la seule cause de la crise ?

Le document 3 nous décrit des formations basaltiques correspondant à un volcanisme d'une ampleur considérable, ayant débuté au Crétacé et s'étant arrêté au Tertiaire. Ces formations présentent d'ailleurs les marques de l'extinction par l'absence de fossiles de dinosaures au-delà de la limite C-T.
De plus, le texte d'accompagnement nous précise que ce type de volcanisme observé aujourd'hui dégage parmi les produits émis une quantité importante d'iridium.
Si l'on considère qu'il en était de même à l'époque, l'augmentation de la quantité d'iridium à l'approche de la limite C-T pourrait s'expliquer par le volcanisme du Deccan, ainsi que sa persistance au-delà de la limite.
Les effets d'un tel volcanisme sont d'émettre de considérables quantités de poussières et gaz dans l'atmosphère qui devient alors opaque à une partie du rayonnement solaire. Pour les mêmes raisons que celles exposées précédemment, les écosystèmes s'en trouvent perturbés et des espèces peuvent être ainsi amenées à disparaître.

Deux causes ont été identifiées comme causes possibles de l'extinction des espèces. Le volcanisme du Deccan, explique une amorce de la crise avant la limite temporelle établie et explique en partie le taux d'iridium mesuré. La chute de la météorite explique le côté brutal de la crise et les pics d'iridium et de magnétite nickélifère. On ne peut trancher pour dire lequel de ces deux phénomènes est le plus impliqué dans cette crise, mais on peut émettre l'hypothèse que leur simultanéité en a renforcé les effets sur l'environnement et donc sur les espèces biologiques.

PARTIE II - Exercice 2 (spécialité)

Du passé géologique à l'évolution future de la planète

Au cours des temps géologiques, le niveau moyen des mers a subi de nombreuses variations. Afin de déterminer le sens et les causes de ces variations sur les côtes françaises pendant les derniers 100 000 ans, nous mettrons en relations les données des deux documents proposés.

Concernant les variations du niveau des océans, les documents proposés au baccalauréat sont toujours faciles à comprendre car ils indiquent de façon souvent directe le niveau de l'eau à une époque donnée (paléoplage par exemple). Ne soyez donc pas surpris de trouver la réponse « évidente » ; soyez attentif cependant à l'époque à laquelle fait référence le document.

Relation entre niveau de la mer et surcharge en glace des continents

Le document 1a concerne une grotte ornée se trouvant sur la côte méditerranéenne dans la région de Marseille. Il est dit dans le texte que les hommes, il y a 28 000 ans, accédaient à cette grotte par la plage. Or, le schéma montre que l'entrée de la galerie qui mène à la grotte est actuellement à – 36 m sous la surface de la mer. On peut donc conclure que depuis cette époque, le niveau de la mer méditerranée a augmenté d'environ 40 m.
Il y a 28 000 ans, d'après le document 2, l'excès de glace sur les continents était d'environ 30 Mkm^3.

Si l'on étudie maintenant le document 1b, on constate que la géographie de l'Europe de l'ouest il y a – 18 000 ans était très différente de maintenant : une énorme calotte glaciaire recouvrait une grande partie des îles britanniques, la Manche n'existait pas, et la ligne de rivage actuelle se trouvait à 100 m d'altitude. On peut donc conclure que depuis cette époque il y a eu une transgression marine de 100 m.
Le document 2 montre qu'il y a – 18 000 ans la surcharge était proche de 50 Mkm^3, supérieure donc à ce qu'elle était il y a 28 000 ans.

Si l'on prend comme hypothèse qu'il existe une relation inverse entre la surcharge en glace et le niveau de la mer, on peut donc dire qu'il y a 100 000 ans le niveau de la mer était un peu plus haut que maintenant, et que de – 100 000 ans jusqu'à environ – 150 000 ans, il s'est produit une régression marine (baisse du niveau marin) d'environ 100 mètres puis que la mer a progressivement remonté pour atteindre le niveau actuel.

Origine des variations récentes du niveau de la mer

Il existe, comme le montrent les documents, une corrélation entre niveau de la mer et extension des glaciers continentaux. En effet, l'une des causes importantes de variation du niveau des mers est le climat, qui se caractérise, dans le passé géologique récent (ère quaternaire) par une alternance de périodes froides (périodes glaciaires) et de périodes de redoux (périodes interglaciaires). Cette alternance a un impact très important sur le cycle de l'eau. En effet, au cours d'une période froide, la neige qui tombe en hiver sur les continents, ne fond pas en été et s'accumule au fil des années sous forme de glace. Ce phénomène aboutit, comme on l'observe dans le document 1b, à la formation d'inlandsis (calottes de glace) et de glaciers montagnards très développés. L'eau, piégée sous forme de glace ne participe plus au cycle de l'eau et l'évaporation des océans n'est plus compensée par un apport d'eau d'origine continentale ; le niveau des mers descend. Au contraire, pendant une période de redoux, les glaciers continentaux fondent et l'eau ainsi déstockée retourne à la mer : son niveau remonte.

Synthèse

Ainsi, on peut conclure que les variations du niveau de la mer depuis 100 000 ans sont d'origine essentiellement climatique.
De – 100 000 ans à –15 000 ans environ, une période glaciaire a provoqué une extension des glaciers continentaux et donc une régression marine. Depuis cette période, un redoux climatique (période interglaciaire dans laquelle nous vivons encore à l'heure actuelle) a au contraire provoqué une transgression marine consécutive à la régression des glaciers continentaux.

BAC BLANC 8

PARTIE I
Immunologie

Le système immunitaire est constitué par un réseau d'organes, de cellules et de molécules qui permet la défense de l'organisme contre des agents pathogènes tels que les bactéries et les virus. Lors d'une infection, sont sécrétées dans l'organisme des protéines particulières : les immunoglobulines. Après avoir montré la structure de ces molécules, nous expliquerons la façon dont elles participent à l'élimination d'un antigène.

I. Structure fonctionnelle d'une immunoglobuline

Les immunoglobulines sont des protéines constituées par l'assemblage de quatre chaînes polypeptidiques deux à deux identiques : deux chaînes dites « lourdes » et deux chaînes dites « légères ». Ces quatre chaînes s'assemblent pour former une structure en Y maintenue par des liaisons hydrogène ainsi que des ponts disulfures établis entre les différentes chaînes protéiques. Chaque chaîne est constituée d'une partie constante c'est-à-dire d'une séquence en acides aminés qui ne change pas d'une immunoglobuline à l'autre ainsi que d'une partie variable, c'est-à-dire une partie dont la séquence en acides aminés est propre à chaque immunoglobuline.

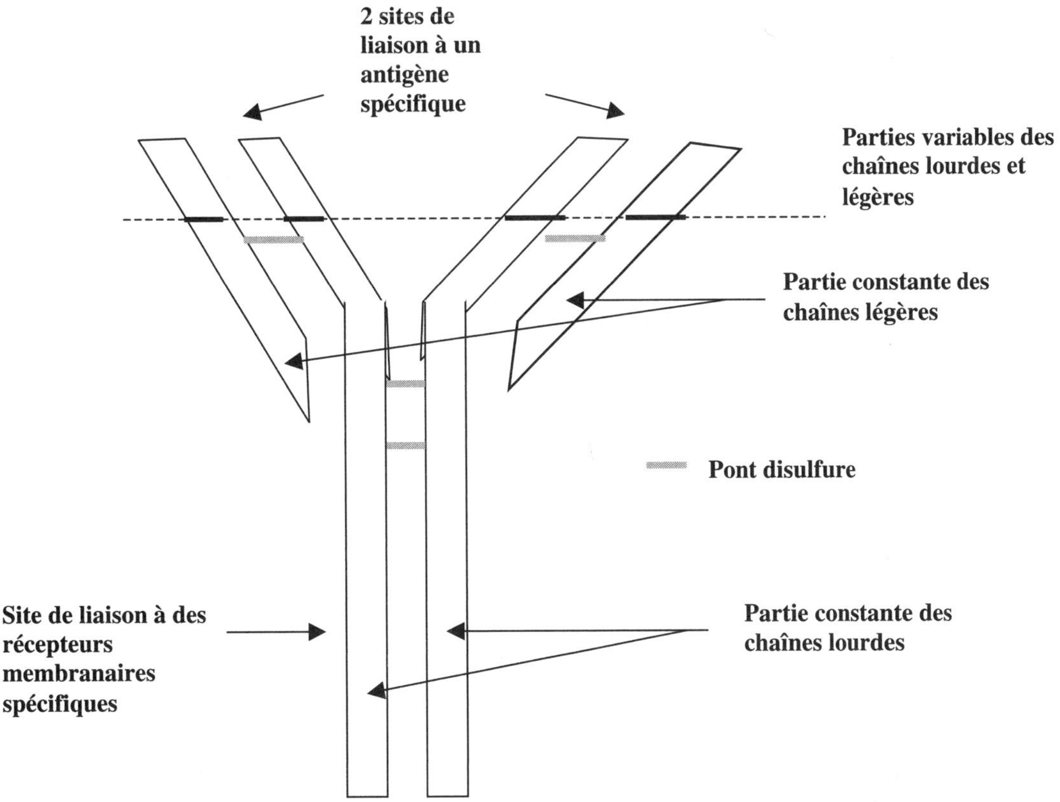

Structure d'une immunoglobuline.

Corrigé Bac Blanc 8

Le schéma précédent étant demandé explicitement, il faut le réaliser avec beaucoup de soin et ne pas oublier de mentionner les fonctions des différentes parties. Un tel schéma peut valoir 3 points (sur les 8 de la question)... traitez-le donc avec tous les « égards » qu'il mérite.

On voit sur le schéma ci-dessus que chaque partie d'une immunoglobuline présente une fonction particulière. Les extrémités des parties variables constituent deux sites de fixation identiques et spécifiques d'un antigène donné. La liaison antigène / immunoglobuline est permise par la complémentarité de forme entre une partie de l'antigène et ce site de liaison.
La partie constante des chaînes lourdes constitue, entre autres, un site de fixation spécifique de certains récepteurs présents à la surface de divers leucocytes.

II. Origine et mécanismes d'action des immunoglobulines

II.1. Les cellules sécrétrices d'immunoglobulines

Au cours de la réponse immunitaire acquise, des lymphocytes B porteurs d'anticorps membranaires sont spécifiquement stimulés lorsqu'ils entrent en contact avec un antigène soluble sur lequel leurs anticorps peuvent se lier. Une fois stimulés, ces lymphocytes B spécifiques se multiplient et se différencient en plasmocytes sécréteurs d'immunoglobulines. Ces dernières peuvent être considérées comme identiques aux anticorps membranaires portés par les lymphocytes B, à ceci près qu'elles sont sécrétées dans le sang.

II.2. Mécanismes d'action des immunoglobulines

Dans le sang et la lymphe, les immunoglobulines (appelées aussi anticorps circulants) se fixent aux antigènes dont ils sont spécifiques grâce à leurs deux sites de liaison. Ce phénomène aboutit à la formation de « complexes immuns » résultant de l'agglutination de nombreux antigènes par des immunoglobulines. De plus, ces dernières facilitent l'élimination des antigènes par phagocytose car les granulocytes possèdent des récepteurs membranaires spécifiques de la partie constante des chaînes lourdes, ce qui rend plus efficace la « capture » des antigènes (voir schéma ci-dessous).

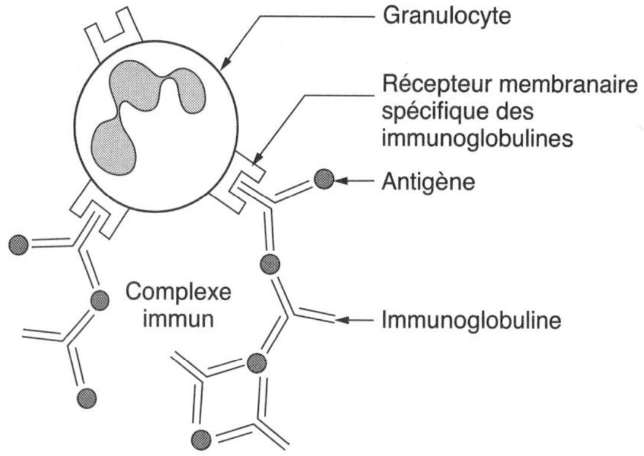

Fixation d'un complexe immun sur un phagocyte (granulocyte).

Ainsi, les immunoglobulines permettent une élimination efficace des antigènes au cours de la phase effectrice de la réponse immunitaire acquise. Cette efficacité tient pour beaucoup à la spécificité de la liaison entre l'immunoglobuline et l'antigène. Face à la multiplicité des antigènes que l'organisme peut avoir à éliminer, on peut se demander comment s'acquiert cette spécificité.

PARTIE II - Exercice 1

La mesure du temps dans l'histoire de la Terre et de la Vie

La radiochronologie s'appuie sur des mesures de radioactivité pour attribuer un âge à un objet. En fonction de la nature de l'objet et de son âge supposé, différentes techniques de datation sont utilisées. La méthode du ^{14}C permet la datation d'objets d'origine organique dont l'âge n'excède pas quelques dizaines de milliers d'années.
À l'aide du document fourni, on se propose de dater des fragments de charbon de bois ayant servi de pigment pour la réalisation de peintures rupestres.

Les trois échantillons de charbon présentent une radioactivité quatre fois inférieure à celle du standard. Au cours du temps, le ^{14}C contenu dans les fragments de charbon s'est en effet progressivement désintégré et la radioactivité mesurée est proportionnelle à la quantité de ^{14}C résiduel contenu dans les échantillons.

Vous remarquerez que dans le graphique proposé, ce sont des proportions en ^{14}C qui sont données en ordonnées et non pas des intensités de radioactivité. Même si cela vous paraît évident, il est nécessaire de préciser que la radioactivité d'un échantillon est proportionnelle à la quantité de ^{14}C contenu car c'est cette relation qui permet d'utiliser le graphique pour dater les trois échantillons.

La courbe de décroissance radioactive montre qu'il faut 11 140 ans pour que la quantité résiduelle de ^{14}C soit égale à 25 % de la quantité initiale.
Les échantillons ayant une radioactivité légèrement inférieure à 25 % de celle du standard, on peut évaluer leur âge à environ 12 000 ans.
La quantité de 14C baissant avec le temps, le fragment le plus ancien des trois est celui présentant la plus faible radioactivité soit l'échantillon B (8 cps/min)

PARTIE II - Exercice 2 (obligatoire)

Stabilité et variabilité des génomes et évolution

Chez les organismes diploïdes, la méiose est un processus de division qui se déroule pendant la gamétogenèse et aboutit à la production de cellules sexuelles haploïdes (ne possédant qu'un seul lot de chromosomes).
En nous appuyant sur les documents proposés, nous déterminerons la nature des différentes cellules prélevées par biopsie dans le testicule d'un homme stérile (Monsieur F) puis nous chercherons à préciser l'origine de son oligospermie.

I. Nature des trois populations de cellules prélevées

Le document 1 replace les étapes de la méiose dans le déroulement de la spermatogenèse. On voit que les spermatocytes I subissent la 1re division de méiose et donnent ainsi des spermatocytes II.

La méiose affecte des cellules germinales diploïdes après duplication des chromatides et aboutit à la formation de cellules filles héritant d'un chromosome de chaque paire de chromosomes homologues. La 1re division de méiose se traduit donc par une division par deux de la quantité d'ADN par cellule.
D'après le document 1, chaque spermatocyte II engendre à son tour deux spermatides à l'issue de la deuxième division de méiose.

Cette division se caractérise par la séparation des deux chromatides de chaque chromosome et la migration dans une cellule fille de l'une ou de l'autre de ces chromatides. Si l'on considère la quantité d'ADN par cellule, là encore, la deuxième division de méiose se traduit par une baisse de moitié de cette quantité.
Dans le document 2, on constate que de la population 1 à la population 3, la quantité d'ADN est à chaque fois divisée par 2. On peut donc dire, grâce aux conclusions tirées de l'étude du document 1 que :
– la population 1 correspond aux spermatocytes I ;
– la population 2 correspond aux spermatocytes II ;
– la population 3 correspond aux spermatides et aux spermatozoïdes (dont la garniture chromosomique est identique à celle des spermatides).

Ces données sur la méiose permettent-elles de préciser l'origine de la stérilité de Monsieur F ?
Son oligospermie est-elle due à un déficit de la spermatogenèse ?

II. Origine de l'oligospermie de Monsieur F

Si l'on compare les effectifs des trois populations de cellules chez un homme fertile (Monsieur G), on constate que les spermatides (et spermatozoïdes) sont environ deux fois plus nombreux que les spermatocytes II, eux-mêmes deux fois plus nombreux que les spermatocytes I. Ces proportions paraissent correspondre au fait qu'à chaque division de méiose, chez l'homme, le nombre de cellules germinales double.
Chez Monsieur F, les effectifs des trois populations sont pour partie différentes de ceux observés chez Monsieur G.
Le nombre de spermatocytes I chez monsieur F est comparable à ce que l'on observe chez Monsieur G.
La quantité de spermatocytes II est, quant à elle excessive et la quantité de spermatides est anormalement basse.

Cette dernière donnée correspond simplement à l'oligospermie dont souffre Monsieur F.
Comment expliquer l'excès de spermatocytes II en relation avec l'oligospermie ?
L'hypothèse la plus simple consiste à admettre que, pour une raison ou une autre, un certain nombre de cellules germinales restent bloquées au stade de spermatocyte II et ne réalisent pas (ou très lentement) la deuxième division de méiose. La production de spermatocytes I étant continue, il se produirait une sorte d'accumulation des spermatocytes II associée à un déficit en spermatides et spermatozoïdes.

Dans certaines questions du baccalauréat, on peut vous demander de proposer des hypothèses. Gardez à l'esprit que la solution que vous devrez proposer doit rester simple, logique et en accord avec vos connaissances de cours. Ne pensez surtout pas que toute hypothèse, aussi farfelue et extravagante soit-elle est acceptable. Dans le cas présent, n'imaginez pas, par exemple, qu'une mitose aurait remplacé une méiose pour expliquer l'excès numérique de la population 2 chez monsieur F.

Synthèse

L'affection dont souffre Monsieur F pourrait être due à un déroulement anormal de la méiose : certaines cellules germinales resteraient bloquées au stade de spermatocyte II entraînant ainsi une oligospermie.

PARTIE II - Exercice 2 (spécialité)

Diversité et complémentarité des métabolismes

Les végétaux chlorophylliens sont des organismes autotrophes ce qui signifie qu'ils synthétisent leurs molécules organiques à partir de substances minérales.
En mettant en relation les informations des deux documents proposés, nous étudierons le cas particulier d'une algue unicellulaire : l'euglène.

I. Expérience de suppression des chloroplastes chez l'euglène

Le schéma du document 1a montre qu'au cours des divisions, les cellules filles héritent d'une partie des chloroplastes présents dans la cellule mère. L'adjonction de streptomycine ayant pour effet de bloquer spécifiquement la multiplication des chloroplastes, les euglènes en culture se retrouvent progressivement dépourvues de chloroplastes.
On peut s'interroger sur le métabolisme des euglènes car les chloroplastes sont *a priori* indispensables au développement des cellules chlorophylliennes ; l'euglène est-elle un organisme autotrophe ?

II. Conditions de culture nécessaires au développement de l'Euglène

Le document 1b montre qu'en présence de substances minérales et de lumière (milieu 1) les euglènes se développent. Ces conditions correspondent à celles nécessaires aux organismes réalisant la photosynthèse.
Le document 2 montre que dans le milieu 1 il se produit une absorption de CO_2 et un dégagement d'O_2. Ces échanges correspondent au bilan gazeux de la synthèse de glucose par photosynthèse dont l'équation est la suivante :

$$6\ CO_2 + 6\ H_2O \longrightarrow C_6H_{12}O_6 + 6\ O_2$$

Absorbé ($6\ CO_2$) — **Glucose** ($C_6H_{12}O_6$) — **Rejeté** ($6\ O_2$)

L'absence de développement dans le milieu 2 s'explique par le fait que l'addition de streptomycine a abouti à la formation d'une population d'euglènes dépourvues de chloroplastes ; or c'est dans ces organites que se déroulent les réactions de la photosynthèse. En effet, c'est par l'intermédiaire des pigments qu'ils contiennent (chlorophylles, caroténoïdes) que les chloroplastes sont capables de convertir l'énergie lumineuse en énergie chimique indispensable à l'assimilation du CO_2.
Ainsi on peut conclure que l'Euglène est un organisme photo-autotrophe. Grâce à la photosynthèse, l'énergie lumineuse lui permet de produire l'ATP et les composés réducteurs nécessaires à la conversion du CO_2 et des autres substances minérales en molécules organiques (glucides, lipides, protéines).

Cependant le document 1a montre que les euglènes peuvent se multiplier sans chloroplastes ; comment cela est-il possible ?

Le document 1b montre que les euglènes sont capables de se multiplier dans le milieu 3, sans chloroplaste (puisque le milieu est additionné de streptomycine) mais en présence de substances organiques.
Dans le document 2, on constate que ce développement s'accompagne d'une absorption d'O_2 et d'un rejet de CO_2. Ces échanges gazeux sont ceux de la respiration. Au cours de celle-ci, des substances organiques sont minéralisées dans les mitochondries ce qui permet la synthèse d'ATP. L'ATP fournit l'énergie nécessaire à la transformation des substances organiques indispensables au développement.

L'absorption de substances organiques « préfabriquées » pour subvenir à ses besoins trophiques caractérise les organismes hétérotrophes.
L'Euglène est-elle hétérotrophe ?

Son développement dans le milieu 4, sans streptomycine mais à l'obscurité, confirme que l'Euglène n'a pas besoin de lumière pour se développer et qu'elle a une aptitude naturelle à exploiter les substances organiques présentes dans son milieu. L'Euglène est donc bien un organisme hétérotrophe.

Dans un tel sujet qui traite à la fois de photosynthèse et de respiration, vous n'aurez pas le temps de détailler de façon exhaustive ces deux voies métaboliques. Il faut donc limiter vos explications aux notions essentielles à la compréhension des documents.

Synthèse

Dans le monde vivant, on oppose habituellement autotrophes et hétérotrophes car les organismes sont le plus souvent l'un ou l'autre. L'Euglène semble constituer un cas particulier. En effet, les documents étudiés montrent que cette algue possède les deux aptitudes qu'elle exploite en fonction des conditions de culture (présence ou non de lumière, de substances organiques).

Notes personnelles

Notes personnelles

Notes personnelles

Notes personnelles

Notes personnelles

....

....

....

....

....

....

....

....

....

....

....

....

....

....

....

....

....

....

....

....

....

....

....

....

....

....

....

....

Notes personnelles

Notes personnelles

N° d'éditeur : 10138280 – JPMsa – Décembre 2006
Achevé d'imprimer en France par Hérissey - N° 103310